2008年度广东省高等教育本科教学改革立项项目 项目编号 BKJGYB 2008044（省级科研项目）

环境艺术教学控制体系设计

中国建筑工业出版社

江滨 著

图书在版编目（CIP）数据

环境艺术教学控制体系设计／江滨著．—北京：中国建筑工业出版社，2011.8
ISBN 978-7-112-13449-6

Ⅰ.①环… Ⅱ.①江… Ⅲ.①环境设计－教学研究－高等学校 Ⅳ.①TU-856

中国版本图书馆CIP数据核字（2011）第156372号

责任编辑：李东禧　陈小力
责任设计：陈　旭
责任校对：刘　钰

2008年度广东省高等教育本科教学改革立项项目
项目编号 BKJGYB 2008044（省级科研项目）
环境艺术教学控制体系设计
江　滨　著
*
中国建筑工业出版社出版、发行（北京西郊百万庄）
各地新华书店、建筑书店经销
北京嘉泰利德公司制版
北京云浩印刷有限责任公司印刷
*
开本：787×960毫米　1/16　印张：15　字数：220千字
2011年8月第一版　2011年8月第一次印刷
定价：45.00元
ISBN 978-7-112-13449-6
　　　（21201）
版权所有　翻印必究
如有印装质量问题，可寄本社退换
（邮政编码 100037）

目 录

绪论 ··· 001
- 0.1 选题意义 ·· 001
- 0.2 概念解析 ·· 002
  - 0.2.1 "环境艺术 (Environmental Art)" ······················· 002
  - 0.2.2 室内设计（Interior Design） ···························· 004
  - 0.2.3 景观设计 (Landscape Design) ···························· 006
  - 0.2.4 系统工程学 (Systems Engineering) ······················ 007
  - 0.2.5 模块化理论 (The Theory of Modularity) ················ 008
  - 0.2.6 还原论 ·· 009
  - 0.2.7 整体论 ·· 009
  - 0.2.8 还原论与整体论的辩证关系 ································ 010
  - 0.2.9 辩证唯物主义认识论 ·· 011
- 0.3 文献检索综述 ··· 012
- 0.4 研究的技术路线 ··· 014
- 0.5 创新观点 ·· 015
  - 0.5.1 新的认识论引入 ··· 016
  - 0.5.2 新的方法论引入 ··· 016
  - 0.5.3 新的教学模型 ·· 017
  - 0.5.4 新的评价控制体系 ··· 017
- 0.6 主要内容 ·· 018

第1章 环艺设计教学体系的历史及现状（纵向回顾） ·············· 020
- 1.1 环艺设计与建筑设计、美术的亲缘及异同 ························· 020
  - 1.1.1 环艺设计与建筑设计的亲缘关系及异同 ·················· 020
  - 1.1.2 环艺设计与美术的亲缘关系及异同 ······················· 022
- 1.2 国内主要院校环艺系办学简史 ·· 030
  - 1.2.1 清华大学美术学院环境艺术设计系简介 ·················· 030
  - 1.2.2 清华大学美术学院环境艺术设计系简史 ·················· 034
  - 1.2.3 中国美术学院建筑学院环境艺术设计系简介 ············ 045

  1.2.4 中国美术学院环境艺术设计系办学理念、教学定位及特色 … 053
  1.2.5 同济大学环境设计专业发展概况 ……………………………… 058

第2章 环艺设计教学体系的比较（横向比较） ………………… 061
2.1 美国的室内设计及景观设计教育现状及评析 ……………………… 061
  2.1.1 美国室内设计教育的发展 ……………………………………… 063
  2.1.2 美国有关院校室内设计课程设置分析 ……………………… 063
  2.1.3 美国有关院校景观规划设计专业教学体系 ………………… 077
2.2 国际室内设计师协会规定课程 ……………………………………… 087
2.3 国内主要院校办学模式比较及评析（6大类） …………………… 088
  2.3.1 清华大学美术学院环境设计系模式 ………………………… 090
  2.3.2 中国美术学院环境艺术设计系模式 ………………………… 095
  2.3.3 中央美术学院环境艺术设计系模式 ………………………… 099
  2.3.4 广州美术学院环境艺术设计系模式 ………………………… 122
  2.3.5 同济大学室内设计专业模式 ………………………………… 130
  2.3.6 综合院校及师范院校类模式 ………………………………… 141
2.4 专业与非专业院校的比较（专业水平） …………………………… 143
  2.4.1 分析目前国内非专业院校环艺设计专业的课程设置 ……… 143
  2.4.2 师范类院校对于培养环艺设计人才的方向性 ……………… 148
  2.4.3 专业艺术类院校对于环艺设计专业的课程设置 …………… 149
  2.4.4 如何解决非专业院校环艺设计专业教学问题 ……………… 153

第3章 交叉学科启示与思维变向（理论启示） ………………… 158
3.1 系统工程的相关理论表述及应用 …………………………………… 158
  3.1.1 系统工程的应用价值 ………………………………………… 158
  3.1.2 系统工程的一般特点 ………………………………………… 159
  3.1.3 复杂系统问题及其特征 ……………………………………… 159
  3.1.4 系统工程学与环境艺术设计教学新模型及控制体系的联系 … 159
3.2 模块化理论的相关理论表述及应用 ………………………………… 160
  3.2.1 "模块化"有什么作用？ ……………………………………… 161
  3.2.2 早期的模块化理论应用 ……………………………………… 162

3.2.3	现代的模块化理论应用	163
3.2.4	模块化的整体系统通过设计规则事先构思	164
3.2.5	模块自身的复杂化与信息技术共同进化发展	165
3.2.6	自下而上的系统改进和整体创新	165
3.2.7	模块化理论与环境艺术设计专业教学模块化的联系	165

第4章 环艺设计教学新模型构想（建立新模型） 168

4.1 环艺设计教学新模型的意义和定位 168
- 4.1.1 环境艺术设计教学新模型的意义 168
- 4.1.2 环境艺术设计教学新模型的定位 169
- 4.1.3 建立环境艺术设计教学新模型的方法论引用 171

4.2 环境艺术设计教学模块化新模型探索 172
- 4.2.1 环境艺术设计专业模块化教学模型结构 172
- 4.2.2 环境艺术设计专业教学新模型的5个核心内容 181

第5章 环艺设计教学控制体系研究 189

5.1 建立教学控制体系的意义 189
5.2 环艺教学控制体系 189
- 5.2.1 美国室内设计教育鉴定标准 189
- 5.2.2 环境艺术设计教学控制体系方法论探索 193
- 5.2.3 可更换模块，可升级系统 194
- 5.2.4 我国环境艺术设计教学控制体系探索 195
- 5.2.5 我国环境艺术设计教学控制体系的运作方式 197

附件 201
- 附件1 全国高等学校建筑学专业本科(5年制)教育评估程序与方法 201
- 附件2 全国高等学校建筑学专业本科(5年制)教育评估标准 212

结语 221
参考文献 224
致谢 230

绪 论

0.1 选题意义

在当代中国，要说起"环境艺术设计"必须先说"室内设计"，因为在中国，"室内设计"是"环境艺术设计"的前身。室内设计作为一个独立的专业，20世纪50年代以后在世界范围内才真正确立。在中国，室内设计专业始于1957年，中央工艺美术学院设立了国内第一个"室内装饰系"（现清华大学美术学院环境艺术设计系的前身）。这种一枝独秀的状态一直延续到20世纪80年代。

20世纪80年代以后，在中国社会经济体制大转型的背景下、在国内庞大市场迫切需要的背景下，我国高等室内设计教育的内涵和外延以及格局都发生了巨大的变化。原有的单一的室内设计教育概念已远远不能满足市场的需要，取而代之的是一种模糊了室内设计、景观设计与建筑设计于一体的专业概念——环境艺术设计教育[①]。环境艺术设计教育的格局变化具体表现在三个方面：一是国内独立的老牌美术学院80年代纷纷在其原工艺美术设计系的基础上设立环境艺术设计系，如中国美术学院，广州美术学院等。二是国内的一些综合性大学如同济大学、重庆建筑工程学院在其建筑系的基础上于1988年开始设立了工科背景的室内设计专业。其后有更多的建筑学院在其建筑系的基础上设立工科背景的室内设计专业，或另设文科背景的环境艺术设计专业，如天津大学等。三是其他师范大学、工学院甚至综合大学也在此后纷纷设立环境艺术设计系，如复旦大学、浙江大学、华南师范大学、浙江工业大学等。

作为一门新兴的学科，环境艺术设计专业的教育在市场的催生和呼唤下发展迅速。正因为发展迅速，没有时间的沉淀，其现状难免鱼龙混杂，问题与成绩共存，令人喜忧参半。

如此复杂的学科背景下产生的同一学科，其差异性显而易见。作为

---

① 当下中国的"环境艺术设计"专业名称以及所包含的内容，在不同国家有不同称谓及不同内涵，详见本文2.1。作者注。

一个实用性很强的学科，它的市场指向性是很明确的，这种市场的明确指向性并不会因为环境设计专业所依托的不同专业院校和不同的学科背景而产生大的改变。那么目前这种差异性很强的环境艺术设计教育现状，如何在市场的背景下进行整合，从环境设计教育系统本身上作深入的调查和研究，建立较为完善合理的环境设计教学模型和教学控制体系，这正是研究本课题的意义之一。

在微观层面，该模型和控制体系可以对不完善、不成熟的专业教学提供具体的参考，以期在专业教学结构方面的设置、配置更趋合理，在人力和物力上减少浪费，节省教育资源，有益于培养与时俱进的更适合市场需求又兼具创新精神的环境艺术设计人才。

在宏观层面，我希望这个建立在模块理论和系统工程学基础上的动态模型和控制体系能够对环境艺术设计专业教学起到方法论方面的参考，一种认识论的启示，一种具体的可行性试验。毫无疑问，如果建立在这种认识论和方法论上的这个新模型和控制体系对于环境艺术设计教学在以上两方面具有可行性，我相信这种认识论和方法论对于整个艺术设计专业下属子目录的具有与环境艺术设计专业相同性质的各个学科均具有相同的参考价值，其意义和影响力将超越本文论述的主题和内容。

0.2 概念解析

0.2.1 "环境艺术(Environmental Art)"

环境艺术(Environmental Art)是一个尚在发展中的学科，目前还没有形成完整的理论体系。关于它的学科对象研究和设计理论范畴以及工作范围，包括定义的界定都没有比较统一的认识和说法，许多专业著作与业内有关专家对此定义不尽相同，根本无权威说法和规范可言。一方面，我们可以认为这是一个新专业，它正在发展、壮大、整理、完善的过程中；另一个方面，也说明我们环境艺术设计理论研究的贫乏。

人类生活在一定的环境之中，人类文明的产生和发展，深受环境因素的影响，如产生了内陆文明与海洋文明的区别等。环境艺术设计，就是对人类的这个生存空间进行的设计。人类在适应和改造自然的过程中，逐渐将自己的本质力量渗透到自然领域，创造出符合人类意志的人工环境。随着工业化进程的不断深入，人类对自然的改造能力，已经"强大到能够改变主宰生态圈的自然过程的程度"①，由此引发了一系列的环境问题。现代环境艺术设计的兴起，正是对这一问题进行反思的结果。尤其是西方发达国家，工业化程度高，环境破坏也大。20 世纪 60 年代的环境保护运动，使环境保护意识逐渐深入人心。与此相应，强调结合自然的生态设计 (Ecological Design)、环境艺术设计（Design of Environment Art）开始出现。日本由于国土狭小、资源缺乏而又高度工业化，环境问题尤其严重，因而对环境艺术设计格外重视。1960 年，日本东京举行的世界设计会议就已经设有"环境艺术设计部"，集中城市规划、建筑设计、室内设计、园林设计等各个领域的专家，探讨诸如"科学技术的发达引起了经济社会的急剧变化，人们的生活环境受到种种威胁，从高速公路那种超人性的装置到个人的小庭园，作为生活环境都必须确定一贯的视觉"②等环境艺术设计的问题。可见 1960 年代的设计师已经意识到不只限于环境公害的环境艺术设计概念。到了 1980 年代，环境艺术设计的观念已经被人们所普遍认同③。

改革开放初期，原中央工艺美术学院奚小彭教授有感于当时室内设计专业的教学内容无法适应新的形势的发展，1982 年曾在一次录音讲课时阐明："用发展的眼光看，我主张从现在起我们这个专业就应该着手准备向环境艺术这个方向发展。""我的理想和抱负就是要使我们这个对国家四化建设有用的室内设计专业，向包括多学科的环境艺术这个方向发展。"④ 这也许是国内目前最早提到"环境艺术"这个概念的记录。

环境艺术设计的目标是为人服务，创造舒适、适宜的人类生存空间。在人类的生存空间中，建筑空间是人们的日常生活中的主要活动空间，

---

① 巴里·康芒纳《与地球和平共处》，王喜六、王文江、陈兰芳译，上海：上海译文出版社，2002 年，第 5 页。
② 转引自［日］大智浩、佐口七郎《设计概论》，张福昌译，浙江人民美术出版社，1991 年。
③ 江滨主编，田春、吴伟光编著《设计概论》，中国建筑工业出版社，2007 年，p.19。
④ 《奚小彭文稿》，罗无逸序，p.5。

建筑是人工环境的主体，人工环境的空间是建筑围合的结果。据此，人工环境可分为建筑内环境与建筑外环境，一般所谓居住环境、学习环境、医疗环境、工作环境、休闲娱乐环境和商业环境等，也都围绕建筑空间而展开。因此，"人—建筑—环境"[①]的和谐统一，是环境艺术设计的中心课题。

根据清华大学美术学院环境艺术设计系和中国美术学院环境设计系成立20多年来的教学实践，秉承师传，我所理解的环境艺术设计概念是：环境艺术设计是以人的环境空间及审美需求为设计创作指导方向，对人类生存空间进行设计，为人类创造出物质与精神并重的理想生活空间的学科；是以建筑设计为母体向室内（室内设计）和室外（景观设计）两个空间方向发展，形成与建筑设计相关的模糊了建筑设计、室内设计和景观设计于一体的大专业概念。

毫无疑问，环境艺术设计是母概念，室内设计、景观设计是子概念。室内设计、景观设计属于环境艺术设计概念的范畴，是环境艺术设计的一部分。室内设计和景观设计可以分别独立成为专业方向，也可以模糊整合，这在业内已成共识。故本文只视对室内设计、景观设计的研究为环境艺术设计大概念下的子概念，而不认为单纯的室内设计研究或景观设计研究就是全部的环境艺术设计研究。

"环境艺术设计"在国家学科目录中属于设计艺术学目录里面的三级学科。其专业内容包含室内设计和室外环境设计（景观设计），即以研究和设定室内空间、光色、家具、陈设诸要素关系为目标的室内设计和以研究和设定建筑、绿化、公共艺术、公共空间和设施诸要素关系为目标的环境景观设计。

0.2.2　室内设计（Interior Design）

室内设计，即针对建筑内部空间所进行的设计。具体地说，是根据对象空间的实际情形与使用性质，运用物质技术手段和艺术处理手段，

---

① "人—建筑—环境"是1981年国际建筑师协会第十四届会议主题。这里指的建筑与环境可以分别理解为人造环境因素和自然环境因素。

创造出功能合理、美观舒适、符合使用者生理与心理要求的室内空间环境的设计。

建筑的室内设计古已有之。自从人类开始在自然界中开辟自己的栖身空间以来，建筑的室内设计始终伴随着建筑的兴衰起落。从穴居中的室内装饰、简单的家具设计，到后来宫殿中的雕梁画栋，我们都能发现现代室内设计的脉络。

室内设计早期是建筑设计的一部分，20世纪五六十年代之后，逐渐作为一个专门的职业从建筑设计中脱离出来。但是"中国当代的室内设计从建筑设计中剥离开来，形成规模，成为一个专门的行业与学科，应是改革开放以后的事情。"[①] 也就是1980年代以后。室内空间既然是建筑的内部空间，室内设计的创作必然要受到建筑的制约，因此，一方面，在建筑设计阶段，建筑设计师往往会考虑室内空间的设计问题，一些建筑设计师也直接承担室内设计任务；另一方面，室内设计师在设计过程中往往与建筑设计师进行合作，共同创造出更理想的室内使用空间。

通常所说的室内装饰只是室内设计的一个方面，仅指对空间围护表面进行的装点修饰，是装饰设计的一种类型。室内设计是一个更大的总体概念，包括四个方面的内容：一是空间设计，即是对建筑所提供的室内空间进行改造、处理，重新布局空间，根据使用者的需求来决定空间的比例和尺度。二是装修设计，即对空间围护实体的界面，如墙面、地面、顶棚等进行设计处理。三是陈设设计，即通过对室内空间的陈设物品，如家具、设施、灯具、艺术品、植物等进行组织，合理设定其位置，美化空间，营造气氛。四是物理环境设计，即对室内气候、采光、通风、温湿调节等物理因素对人的感受和反应来进行设计处理。[②]

室内设计可以分为住宅室内设计、公共建筑室内设计、旧建筑改造等，设计师要根据不同的类型与要求来决定设计的内容。

---

① 王国梁，"跨越与回归——当代室内设计回顾与展望"，《2005中国建筑艺术年鉴》，p.304。
② 江滨主编，田春、吴伟光编著《设计概论》，中国建筑工业出版社，2007年，p.21。

0.2.3 景观设计 (Landscape Design)

景观设计又称风景设计或室外设计，是针对所有建筑外部空间进行的环境设计，包括园林、庭院、街道、公园、广场、道路、桥梁、河边、绿地等所有生活区、工商业区、娱乐区等室外空间和一些独立性室外空间的设计。

相比偏重于功能性的室内空间，室外环境不仅为人们提供广阔的活动天地，还能创造气象万千的自然与人文景象。室内环境和室外环境是整个环境系统中的两个分支，它们是相互依托、相辅相成的互补性空间。因而室外环境的设计，还必须与相关的室内设计和建筑设计保持呼应和谐、融为一体。

室外环境不具备室内环境稳定无干扰的条件，它更具有复杂性、多元性、综合性和多变性，自然方面与社会方面的有利因素与不利因素并存。在进行景观设计时，要注意扬长避短和因势利导，进行全面综合的分析与设计。

"景观"一词由台湾学者翻译英文 Landscape 而来。Landscape 来源于中世纪的荷兰语 landschap，意为"地区，一片土地"（region，tract of land），在 17 世纪荷兰风景画盛行时开始被广泛地使用。目前最早记载英语对 Landscape 的使用是 1598 年，意指"风景画"（a picture depicting scenery on land），从词源上来看，Landscape 本义指地区、土地，与之相关的还有 Seascape（海景）、Waterscape（水景）等词，并不带有"人为"、"人造"等含义在内。但随着风景画的兴起，"如画"（Picturesque）的观念赋予 Landscape 以"人文"的含义，并与环境（Environment）发生联系，进入造园领域，使单纯的"Gardening"变为"Landscape Gardening"。传统园林设计的工作范围因此得到了较大的拓展。从"景观"一词的发展来看，景观设计不仅仅包括园林设计，更重要的还包括与环境相关的问题。

景观设计的空间不是无限延伸的自然空间，它有一定的界限。但景观设计是与自然环境联系最密切的设计，"场地识别感"是景观设计创作的原则之一。广阔的自然环境容纳了气象万千的自然与人文景象。从

"可持续发展观"出发，景观设计必须巧妙地结合利用环境中的自然要素与人工要素，创造出融合于自然、源于自然而又胜于自然的一个充满诗情画意的室外生活空间环境。①

0.2.4 系统工程学 (Systems Engineering)

用定量和定性相结合的系统思想和方法处理大型复杂系统的问题，无论是系统的设计或组织建立，还是系统的经营管理，都可以统一的看成是一类工程实践，统称为系统工程。系统工程 (Systems Engineering，SE) 是 20 世纪中期才开始兴起的一门新型实用学科，是软科学的组成部分。是系统科学的一个分支，实际是系统科学的实际应用。它不仅是一门综合性很强的实用技术科学，也是一种现代化的组织管理技术。可以用于一切有大系统的方面，包括人类社会、生态环境、自然现象、组织管理等，成为制定最优规划、实现最优管理的重要方法和工具。系统工程是以大型复杂系统为研究对象，按一定目的进行设计、开发、管理与控制，以期达到总体效果最优的理论与方法。系统工程是一门工程技术，但是，系统工程又是一类包括了许多类工程技术的一大工程技术门类，涉及范围很广，系统工程所需要的基础理论包括，运筹学、控制论、信息论、管理科学等。

美国著名学者 H．切斯纳（H．Chestnet）在 1967 年是这样解释系统工程学的："虽然每个系统都是由许多不同的特殊功能部分所组成，而这些功能部分之间又存在着相互关系，但是每一个系统都是完整的整体，每一个系统都有一定数量的目标。系统工程则是按照各个目标进行权衡，全面求得最优解的方法，并使各组成部分能够最大限度地相互协调。"②

在我国，钱学森先生于 1978 年这样描述系统工程学："把极其复杂的研制对象称为系统，即由相互作用和相互依赖的若干组成部分结合

---

① Ken Fieldhouse Sheila. Landscape Design, Laurence King Publishing. 1992, p. 9.
② 吕永波主编《系统工程》修订版，清华大学出版社，北京交通大学出版社，2006 年 1 月，第 33 页。

成具有特定功能的有机整体，而且这个系统本身又是它所从属的一个更大系统的组成部分。……系统工程则是组织管理这种系统的规划、研究、设计、制造、试验和使用的科学方法，是一种对所有系统都具有普遍意义的科学方法。"①

0.2.5　模块化理论 (The Theory of Modularity)

"模块"是指半自律属性的子系统，通过和其他同样的子系统按照一定的规则相互联系而构成的更加复杂的系统或过程。换句话说，模块就是大系统的单元，这些单元虽然结构上相互独立，但是在一个大的系统内相互联系、共同发挥作用。而且，将一个复杂的系统或过程按照一定的联系规则分解为可进行独立设计的半自律性的子系统的行为，我们称之为"模块分解化"。按照某种联系规则将可进行独立设计的子系统（模块）统一起来，构成更加复杂的系统或过程的行为，我们称之为"模块集中化"②。　从概念中我们可以看出，"模块化"包含几个要素：

第一，"模块"是一个半自律性的子系统。"半自律性"指的是相对独立的，因为它还受到"规则"的限制；它是一个子系统，意思是它必须与其他子系统联系方可组成整个复杂系统；它是一个复杂的子系统，指的是它本身又可以嵌套更小的多个子"模块"系统。

第二，"模块"之间的联系是按一定的"规则"联系的。它在"规则"的指导下是相对独立的。

第三，"模块"的功能是用来与其他"模块"组合成一定功能的复杂系统。

第四，"模块化"包括"模块分解化"和"模块集中化"两种形式。

第五，理论上，通过模块分解化和模块集中化可以集成无限复杂的系统。

---

① 吕永波主编《系统工程》修订版，清华大学出版社，北京交通大学出版社，2006年1月，第34页。
② 青木昌彦、 安藤晴彦《模块时代：新产业结构的本质》，周国荣译，上海远东出版社，2003年，第5页。

"模块"是可操作的，在软件的体系结构中，模块是可组合、分解、重复、更换的单元。那么，回到生产模块、企业间模块、产业模块，这些模块一样是可操作的。包括：①分离模块；②用更新的模块设计来替代旧的模块设计；③去除某个模块；④增加迄今为止没有的模块，扩大系统；⑤从多个模块中归纳出共同的要素，然后将它们组织起来，形成设计层次中的一个新层次（模块的归纳 Inversion）；⑥为模块创造一个"外壳"，使它成为待在原来设计的系统之外也能发挥作用的模块（模块用途的改变 Porting）。

0.2.6 还原论

还原论（Reductionism）是指把物质的高级运动形式归结为低级运动形式或用低级运动形式的规律去替代高级运动形式的规律的理论。它认为现实生活中的每一种现象都可看成是更低级、更基本的现象的集合体或组成物。还原论派生出来的方法论手段就是对研究对象不断进行分析，恢复其最原始的状态，化复杂为简单。

还原论者看到了事物不同层次间的联系，想从低级水平入手探索高级水平的规律，这种努力是可贵的。但是，低级水平与高级水平之间毕竟有质的区别，如果不考虑所研究对象的特点，简单地用低级运动形式规律代替高级运动形式规律，那就要犯机械论的错误。

《上帝与新物理学》中有一段讨论整体论与还原论的话："过去的三个世纪以来，西方科学思想的主要倾向是还原论。的确，'分析'这个词在最广泛的范围中被使用，这种情况也清楚的显明，科学家习惯上是毫无怀疑地把一个问题拿来进行分解，然后再解决它的。但是，有些问题只能通过综合才能解决。它们在性质上是综合或'整体的'。"[①]

0.2.7 整体论

整体论强调系统的整体性，认为系统内部各部分之间的整合作用与相互联系规定系统的性质。

---

① 还原论的解释——CNKI 知识元数据库。

整体论作为一种理论，最初是由英国的 J.C. 斯穆茨 (1870—1950) 在其《整体论与进化》(1926) 一书中提出的。斯穆茨在书中系统地阐述了其整体论思想，并提出整体是自然的本质，进化是整体的创造过程。他把整体夸大为宇宙的最终精神原则和进化的操纵因子，因而使"整体"带有神秘的色彩。现代进化论者、胚胎学家、理论生物学家所支持的整体论与斯穆茨的整体论内容有所不同，他们强调：①（生命）系统是有机整体，其组成部分不是松散的联系和同质的单纯集合，整体的各部分之间存在相互联系、相互作用；②整体的性质多于各部分性质的总和，并有新性质出现；③离开整体的结构与活动不可能对其组成部分有完备的理解；④有机整体有历史性，它的现在包含过去与未来，未来和过去与现在相互作用。

整体论与还原论相反，认为高级层次不可还原为低级层次。1967年英国学者 A. 凯斯特勒为了调和这一对立，提出一个新的观念，认为我们看到的是一系列复杂的、上升的有序层次的中间结构，其中每一个对下面的层次都是自主的整体，而对上面的层次，又是相对独立的从属部分。因此，任何事物既是亚整体，又是整体。在他看来，生物的这种阶序系统的特点在于它是自我调节的开放系统。

整体论肯定生物有机体是多层次的结构系统，坚持整体的规律不能归结为其组成部分的规律，强调由部分组成的整体有新性质出现，这正确地反映了事物的辩证法。但有些整体论者片面强调整体，忽视对整体中各部分作必要的细致分析，这是不正确的。他们的创始人宣扬的整体论也具有浓厚的神秘主义色彩。

0.2.8　还原论与整体论的辩证关系

还原论（Reductionism）和整体论（Holism）本身并不矛盾，但经常被滥用。滥用的结果就成了极端还原论（Greedy Reductionism）和神秘主义整体论（Mystic Holism）。科学的还原论和整体论之间实际上毫无矛盾。首先，复杂系统的任何高层规律一定能够在复杂系统所基于的低层规律上被完全表示，这是还原论的观点。其次，复杂系统所涌现出来的高层规律无法在低层规律上去理解，而且独立于低层的具体表示，这是整体论的观点。但是，一个特定复杂系统所涌现出来的高层规律再神奇、再独立于底层规律，都必须能够被该系统所基于的底层规律所表示；凡是不能被底层规律所表示的高层规律，无论如何都是涌现不出来的。科学的还原论和科学的整体论在这一点上从来都是十分明确的。

科学研究方法论从古至今经历了一个超越还原论、发展整体论、实现还原论与整体论辩证统一的演化过程，实现还原论与整体论的辩证统一是有坚实的哲学依据与客观基础的；实现还原论与整体论的辩证统一，体现在认识过程中，就是从具体到抽象、再从抽象到具体的分析与综合交织互动的辩证思维途径。

还原论是西方现代科学的主流指导思想，在简单性范式中取得了丰硕成果，但面对复杂性范式，却暴露出明显的局限性。中国古典自然哲学的主流是整体论，通过对"道"、"气"、"易"、"阴阳"、"五行"等基本概念的整合，形成了完备的体系。系统一般包括结构、信息和功能三个核心要素。还原论通过结构（或空间）分析途径，认识系统功能；整体论则运用信息（或时间）把握方式，了解系统功能。它们各为一偏，宜采用"整体制约前提下的局部实证"原则和"逆向对接"方法对两者进行融合。

0.2.9 辩证唯物主义认识论

辩证唯物主义认识论又称"马克思主义认识论"，是马克思主义哲学关于认识发展一般规律的理论。它彻底坚持从物质到意识的唯物主义认识路线，承认物质是第一性的，意识是第二性的，承认认识是人脑对客观物质世界的反映，人具有认识客观世界的能力。辩证唯物主义认识论是能动的革命的反映论，它第一次把实践引入了认识论，指出社会实践在认识中的地位和作用。实践是认识的来源，是认识发展的动力，是检验真理的唯一标准，是认识的目的。认识只有满足主体改造客体的实践需要时，才有其价值。辩证唯物主义认识论把辩证法应用于认识论，揭示了人类认识的辩证发展规律，科学地说明了主体与客体的辩证关系，既承认主体在认识过程中的能动作用，又坚持反映论的客观性原则。辩证法、认识论和逻辑学是一致的。认识是在主客体的相互作用中产生的一个辩证的发展过程，在这一过程中存在着两次飞跃，即在实践中从感性认识能动地飞跃到理性认识，又从理性认识能动地飞跃到实践。认识的成果——真理也是一个过程。整个人的认识就是在实践的基础上由浅入深、由片面到全面、由低级到高级的无限发展的辩证过程。正如毛泽东所指出的那样："实践、认识、再实践、再认识，这种形式，循环往复以致无穷，而实践和认识之每一循环的内容，都比较地进到了高一级的程度。这就是辩证唯物论的全部认识论。"① 可见，辩证唯物主义认识论既同一切形式的唯心主义认识论和不可知论划清了界限，又克服了旧唯物主义反映论的直观性和消极性的缺陷，从而全面正确地揭示了人类认识的本质和规律。

本文中应用的辩证唯物主义认识论、系统工程学相关理论、模块化理论、还原论、整体论等概念主要为本文引入学科交叉研究的认识论及相关方法论，并不一定涉及辩证唯物主义认识论、还原论、整体论、系统工程学及模块化理论的所有内容。其理论的具体应用将在本文中详细展开。

在这里，我所作的概念界定并非就是要给这些概念下一个"前所未有"的"准确"的界定，而仅仅是为了不至于在这些基本问题上与读者产生太多的误会，方便本文的写作而已。对于一个没有固定的、具有权威定义和公众认可的概念的争议，不在本文的商榷内容之中。

0.3　文献检索综述

从 1957 年，中央工艺美术学院设立了国内第一个"室内装饰系"，发展到现在，时间跨越了 50 多年。从中央工艺美术学院的一个"室内装饰系"专业发展到现在国内的一千多所院校的环境艺术设计系，空间

---

① 《毛泽东选集》第 1 卷第 296-297 页。

的变化也不可同日而语。然而，对于当代中国环境艺术设计教育的研究，半个世纪以来，1980年代以前，我国在环境艺术设计领域只有中央工艺美术学院开设室内设计专业，就全国范围而言、就现代环境艺术设计内涵而言，一直没有建立完整的教育体系；1980年代以后，在经济因素推动下的重"实践"、轻理论浮躁风背景影响下，理论研究严重滞后，至今没有一部相关的体系完整的环境艺术设计教育理论研究专著问世。

对中国学术期刊数据库（CNKI）检索的方式及结果如下：

检索时间：从1979～2009年的30年间（网站设定）。

检索项为：关键词、论文标题两项。选中数据库：中国期刊全文数据库，中国优秀硕士学位论文全文数据库，中国博士学位论文全文数据库，中国重要会议论文全文数据库，中国重要报纸全文数据库，中国建筑期刊库，中国建筑报纸库，中国建筑优秀成果库，中国建筑博硕士论文库，中国建筑会议论文库。

查询范围为：理工C类，文史哲类，教育与社会科学综合类。

跨库初级检索结果与跨库高级检索结果均未发现与本文相同或相近题目的文章。

以"环境艺术设计教学"为关键词作同样的检索，发现相关内容的论文有22篇。但是进一步浏览这22篇论文，发现没有以建立新教学模型为目的的论文，故与本文并无相同之处。而且在已有研究成果中，大多是在探讨微观概念的教学方法及专业能力培养的层面上，或者是其中的一个分支。以"环境艺术设计教学模型"为关键词，进行以上数据库和查询范围的检索，发现对环境艺术设计教学模型的研究论文还没有。

再分别以"系统工程学"为关键词，进行以上数据库和查询范围的检索，发现中国期刊全文数据库有相关文章698篇；中国优秀硕士学位论文全文数据库11篇；建筑会议论文6篇；中国博士学位论文全文数据库1篇；中国重要会议论文全文数据库43篇；建筑期刊26篇；建筑博硕5篇；但是以上这些和关键词"系统工程学"相关的文章，都是其他专业论文，和环境设计专业及教学研讨无关。

再分别以"模块化理论"为关键词，进行以上数据库和查询范围的检索。发现中国期刊全文数据库有相关文章46篇；中国优秀硕士学位论文全文数据库6篇；建筑会议论文0篇；中国博士学位论文全文数据库0篇；中国重要会议论文全文数据库4篇；中国重要报纸全文数据库1篇，建筑报纸0篇，建筑期刊0篇；建筑博硕0篇。以上这些和关键词"模块化理论"相关的文章，也都是其他专业论文，和环境设计专业及教学研讨无关。

综上所述，到目前为止，没有发现与本文内容、观点相同及部分交叉的文章。但是，关于环境艺术设计专业教学的整体系统，各校本专业的专业教师都在不断思考、探索和改革，相信也不乏好的创意，他们完全有可能做了大量的实际工作，却并未写成论文发表或出版，故本文权当抛砖引玉。

0.4 研究的技术路线

对学科发展研究的方法可以是从"点"入手，这是微观层面，属于对问题的发现、改良、补充与完善，这往往属于小题目的范畴。微观研究往往关注具体小问题的解决。研究的方法可以是"纵向线形"比较研究，可以是从"横向线形"比较研究，也可以是"纵向和横向线形结合"比较研究。

本文的"纵向线形"主要是指1957年以近，国内环境艺术设计专业的线性发展。"横向线形"研究要是指目前国内主要院校环境艺术设计专业发展的比较研究，以及与国外相关院校该专业的发展历史及现状的比较研究。本文的主要研究方法是微观和宏观的比较研究相结合的手法。宏观研究只为铺垫，只为发现共性和个性的问题，并把问题集中在核心上，分析问题产生的原因，但这并不是本文的关键。微观研究才是本文的关键，尝试去解决这个核心问题才是本文的关键，也就是本文试图建立一个以模块化理论为基础的环境艺术设计专业教学新模型和教学评价体系。

定量和定性相结合的手法也是本文重要的研究方法之一。结合作者曾在清华大学美术学院和中国美术学院建筑学院学习的经历，采访一系列在两校各个时期参与教学的领导及有代表性的专职教学人员。"以点连线",了解当时的教学背景和教学实际以及教学理论发展状态,用系统的、动态的、全面联系的观点对环境艺术设计教育展开讨论。

另外,本文引用的最重要的理论是:"辩证唯物主义认识论","还原论","整体论","系统工程学"及"模块化理论"。"辩证唯物主义认识论"代表了我对环境设计教学的认识论基础,而"还原论","整体论"、"系统工程学"、"模块化理论"代表了我对建立环境艺术设计教学新模型的方法论观点。这在下一节"创新观点"中会展开说明。

0.5 创新观点

宁春岩教授作为美国加州大学伯克利分校博士学位获得者(原为广州外语外贸大学博士生导师,后为湖南大学博士生导师),乃是中国大陆第一个在美接受现代语言学科学训练,并且是深得国际级语言学大师乔姆斯基真传的顶尖学者。我前些年(1998～2000年)在广东外语外贸大学进修时,有幸受益于他的关于研究论文的"新"观点:不论何种研究论文,其核心价值在于"新"。他把论文的"新"详细地归结为四个方面的"新",即:新观点、新材料、新问题、新方法。在科研论文中,能有这四个"新"中其中一"新",便是有新意、有价值。这对于我在做论文方面有很大的启示。不管是有心还是无意,重复已有的研究成果是没有任何意义的。我们暂且不论学术道德层面的是与非。

科研的核心价值在于创新,创新又分为原始创新和集成创新。所谓原始创新是指该创新内容里面所有的东西都是自己的第一手资料,原始创造出来的,是以前从来没有人做过的。所谓集成创新是指该创新内容里面有的是别人已有的成果,有的是自己的创新成果,这些成果经过一个新的系统新的模型整合,产生了一个跨越性的新成果,一个前所未有的成果;或该创新内容里面的个体都是别人的已有成果,但是经过自己的系统整合产生了一个跨越性的新东西,一个前所未有的成果。在人类漫长的文明史中,既有原始创新也有集成创新,没有厚此薄彼之说。

当我面对科研项目的大量资料而为它的切入点百思不得要领时,

一个偶然的机会，美国"宙斯盾"的例子给予我极大的启发。我逆向寻找了"系统工程学"和"模块化理论"数本原著，细细读来，颇有茅塞顿开之感。系统工程学和模块化理论其实早已被应用于许多领域，但是经检索（见"绪论——4　研究的技术路线"）还没有人将"系统工程学"和"模块化理论"用于环境艺术设计教学研究领域，故本论文的创新之处在于：

0.5.1　新的认识论引入

事物的表层是现象，事物的深层是哲学。人的整个认识就是在实践的基础上由浅入深、由片面到全面、由低级到高级无限发展的辩证过程。"实践、认识、再实践、再认识，这种形式，循环往复以致无穷，而实践和认识之每一循环的内容，都比较地进到了高一级的程度。"[①] 我们建立新模型的初衷，以及新模型和控制体系之间的辩证关系是基于辩证唯物主义的认识论。以辩证唯物主义的认识论为认识论基础，在哲学的高度上把握专业研究方向，这在环境艺术设计教学改良中，是一种新视野。新的认识论导入把专业教学改革提升到哲学层面，为我们的工作提供了辩证认识事物的哲学依据，同时也是专业教学改良的哲学保证。

0.5.2　新的方法论引入

以整体论和系统工程学为方法论研究环境设计专业教学，或者从微观上讲以系统工程学方法论来研究环境艺术设计教学模型，是本文的主要贡献之一。环境设计教学的新模型的产生依据主要基于系统工程学在管理学研究上强调的前三个基本观点：①整体性和系统化观点（前提）；②平衡协调及和谐发展观点（目的）；③多种方法综合运用及其体系化观点（手段）。引进整体论和系统工程学为方法论来研究专业教学模型，这在环境艺术设计教学改良中，是一种新的方法论。

以还原论、模块化理论为方法论，认识、剖析专业特性，即：将一个复杂的系统或过程按照一定的联系规则分解为可进行独立设计的半自

---

① 《毛泽东选集》第 1 卷第 296-297 页。

律的子系统，也就是"模块分解化"。以整体论和系统工程学为方法论建构专业教学模型及控制体系，即：按照某种联系规则将可独立设计的子系统（模块）统一起来，构成更加复杂的系统或过程，也就是"模块集中化"为方法，来建构环境设计教学模型，这在环境艺术设计教学改革中，也是一种新的方法论。

0.5.3 新的教学模型

建立以系统工程学为认识论和在以模块化理论为方法论上的新的环境设计教学模型，在环境艺术设计教学改良中，是一种新架构，新尝试。它应该属于集成创新范畴。这些课程模块经过一个新的系统整合，产生了一个跨越性的新的教学模型、新成果，既是研讨也是尝试。我希望这个动态模型对环境设计专业教学能够起到方法论方面的参考。同时它的实际应用也应该产生实际的社会效益。

0.5.4 新的评价控制体系

建立在新的模块化教学新模型基础上的新的专业评价控制体系，即系统工程学在管理学研究上强调的第四个基本观点——问题导向、环境依存及反馈控制观点（保障）。在环境艺术设计教学改良中，也是一种新的尝试。

本文的核心是用一种新的认识论引入和新的方法论引入建立一种新的专业教学模型和新的教学评价体系。该模型是可升级、可换代的开放系统，应属于集成创新的内涵。具体来说就是：以辩证唯物主义认识论为认识论基础，以还原论、整体论、系统工程学以及模块化理论为方法论，建立当下环境设计教学新模型。该模型的创新意义在于对国内环境设计教学提出以新的认识论、新的方法论引入，在此基础上建立一种动态的、与时俱进的、同时也是相对稳定的专业教学评价体系。新模型是专业教学微观具体执行框架，新评价体系是宏观监督评估控制体系。新的模型和新的评价控制体系两者就像天平的两端，其平衡状态是两者良性运作状态。新模型的模块可升级、可换代，但大的模型框架在短期内不应该有大的变动。评价体系相对稳定，只有在时代有新的要求或新模型有大面积的更新换代时，才会调整其评价体系内涵。这从另一面也印证了人的整个认识就是在实践的基础上由浅入深、由片面到全面、由低级到高级的无限发展的辩证过程。"实践、认识、再实践、再认识，这种形式，循环往复以致无穷，而实践和认识之每一循环的内容，都比较地进到了高一级的程度。"①

本文的整个形成过程归结为：新的认识论引入—新的方法论引入—新的教学模型—新的评价控制体系。

0.6 主要内容

本文所要研究的内容是自1957年以近的中国环境艺术设计教育，并试图发现这个专业教学中的一些共性的问题，以及试图找到解决问题的方法并解决这些问题。笔者所理解的环境艺术设计教育是一个综合性的相当复杂的系统，在这个复杂的系统里面想要把所有的问题研究透彻，这在短时间内是不可能的。因此，在这个复杂的系统里面，找准主要研究目标将是研究工作最终能有所成绩的关键。在研究内容上，本文主要关注以下几个方面的内容：

第1章"环艺设计教学体系的历史及现状（纵向回顾）"主要是对国内环艺设计教学体系的纵向回顾和现状评析。也就是论述自1957年以来环境艺术设计教学的整个发展过程及产生的问题。重点谈环境艺术设计教育与建筑及美术教育的亲缘关系及异同，以及环境艺术设计教学在发展过程中形成的具有代表性的五大类别，并试分析环境设计专业在国内经济快速发展的大环境下，在中西文化融合的背景下，在教学以及教学与实践接轨方面出现的问题。

第2章"环艺设计教学体系的比较（横向比较）"是将国内不同院校背景下的环境设计教学体系进行比较研究、专业院校与非专业院校之间的环境设计教学进行比较研究，并将国内的环境设计教学与东西方发

---

① 《毛泽东选集》第1卷第296-297页。

达国家的环境设计教学体系进行横向比较研究。比较它们之间的特点及比较它们之间的优劣，从而廓清我们的意识，认清自己的现状，找到我们的问题。

第3章"交叉学科启示与思维变向（理论启示）"主要介绍系统工程学的相关理论及应用以及模块化理论的相关表述及应用。事实证明，学科交叉的思维方式最能够启示我们的联想，产生新的认识论以及新的方法论。在此基础上，甚至可能产生新的理论框架和体系。本文的产生正是基于学科交叉的背景。

第4章"环艺设计教学新模型构想（建立新模型）"是介绍在系统工程学及模块化理论的应用启示下，以此为方法论，根据环境艺术设计专业在中国当下的现实状态，以及根据中国传统文化特点建立一种新的模块化的动态的环境设计教学新模型。以此希冀对国内的环境设计教学改革有一个新的启示，根据自己的实际情况建立适合自己的模块模型体系，减少教学资源和人力资源的浪费，使我们的环境设计教学更合理、更科学。这个新模型是探索，也是与同行商榷。

第5章"环艺设计教学控制体系研究"主要是建立一个宏观的专业教学评价控制体系。主要是对"环境设计教学新模型"的实际应用效果进行宏观监控。在这一章里面详细介绍该专业教学模型和环境艺术设计教学评价控制体系的可升级模块及可转化系统，该模型和控制体系不是死板的一劳永逸的模型和评价控制体系，而是可升级、可转换系统模型和评价控制体系，这是该模型和评价控制体系的核心内容之一。该模型和评价控制体系既是有使用价值的专业教学模型和宏观教学评价控制体系，在某种程度上可以说该模型和控制体系，同时又是一种思维方式、一种新的观念。

这个研究的基本思路是：通过对国内环境艺术设计教学体系的纵向时间回顾，以及国内外环境设计教学体系的横向空间比较研究，发现目前我国环境艺术设计教学现状所存在的问题，提出新的认识论导入，提出新的研究方法论导入，建立国内环境艺术设计教学的新模型以及新的评价控制体系。

第1章 环艺设计教学体系的历史及现状（纵向回顾）

1.1 环艺设计与建筑设计、美术的亲缘及异同

1.1.1 环艺设计与建筑设计的亲缘关系及异同

环境艺术设计与建筑设计是密切相关、相互交叉、相互渗透的学科关系。

环境艺术设计在现代主义运动以前，始终是以依附于建筑内、外界面的装饰来实现自身的美学价值的。从这一点而言，自从人类有了建筑，室内外的装饰就伴随着建筑的发展而发展。现代主义建筑运动使环境艺术设计从单纯的室内外界面装饰走向室内外空间的设计，从而使环境设计逐步形成一个全新的独立的专业（时间是在20世纪六七十年代之后），设计理念也发生了很大变化。就技术而言，从传统的二维、二点五维空间模式转变为三维、四维空间模式；从整体而言，由依附于建筑内外的二维、二点五维局部设计，转变为建筑内外的空间总体艺术氛围的塑造，这也是环境设计在一种思维方式上的根本转变。

目前，在我国建筑学院里面几乎都有环境艺术设计专业或单独设系。环境艺术设计专业是多学科、多专业相互交叉与共同作用的学科专业群。在我国，设置环境艺术设计的院系通常将其教学主要内容划为以下几类：建筑设计、室内设计、景观设计、城市规划、城市设计、园林艺术、公共环境艺术等。仔细观察环境艺术设计教学内容的比重和知识平台，就不难发现建筑设计教育在环境艺术设计教育中应占有明显的支撑分量。建筑设计教育本身经过几百年的传统授业积累，以其深厚的教育模式为环境艺术设计教育提供了重要的基础和丰富的资源。从各项教学内容的实质和源流分析，环境艺术设计教育与建筑设计教育都有着密切的联系。

环境艺术设计尽管和建筑设计关系极为密切，但是两者还是有很大的不同。环境艺术设计是以建筑设计为母体向室内（室内设计）和室外（景观设计）两个空间方向发展,形成与建筑设计相关的模糊了建筑设计、室内设计和景观设计于一体的大专业概念。也就是说，环境艺术设计从宏观来讲是以建筑为母体的，离开了建筑，环境艺术设计就无从谈起了。

建筑是人类最早的生产活动之一，是人类根据自己躲避风雨寒暑和防止野兽袭击的需要，用以适应自然、塑造人工环境的基本手段。建筑包括建筑物和构筑物。一般而言，其区别在于建筑物是人们生产、生活其中从事活动的场所，如住宅、医院、学校等；而构筑物则是指人们不在其中生产生活的建筑，如水坝、水塔等。现代建筑早已脱离了建筑防御的功能，而越来越呈现出多样化的趋势，主要有民用建筑、工业建筑、商业建筑、园林建筑、宗教建筑、宫殿建筑、陵墓建筑等。从建筑的不同类型和不同样式，可以看出自然条件、社会经济、科学技术、意识形态和民族文化传统对建筑设计的影响。

古罗马著名建筑师维特鲁威在其《建筑十书》里提出的"坚固、适用、美观"[①]的观点，至今被奉为建筑的三原则，是对建筑的功能、物质技术条件和建筑形象三个方面的基本要求，建筑设计师的主要工作，就是要完美地处理好这三者之间的关系。

建筑属于"大艺术"的范围，事实上，建筑不是单纯的艺术创作，也不是单纯的技术工程，而是两者密切结合、多学科交叉的综合性设计。从其材料、技术与结构来看，建筑空间由钢筋、水泥或者砖、瓦等材料依据一定的力学结构围合起来构成，物质使用性很强，更多地倚重自然科学的知识，在学科划分上更接近于自然科学。但是，实际上建筑也是一种表达方式，表达人们的存在，表达人们的饮食男女，表达人们的工作、休闲与消费。人们在建筑空间中聚集或者分隔。虽然"不是所有发生在空间中的行为都意味着交流，但是大多数的空间行为都包含着某些程度上的交流。"[②] 现代人的一生之中，通过空间进行的交流甚至比使用正规语言要多得多。因此，建筑设计不仅要满足人们对建筑的物质需要，也要满足人们对建筑的精神需要。

现代城市可谓建筑的森林，是城市环境的主要构成因素，一旦建筑

---

① 当下中国的"环境艺术设计"专业名称以及所包含的内容，在不同国家有不同称谓及不同内涵，详见本文 2.1。作者注。
② 布赖恩·劳森《空间的语言》，杨青娟、韩效、卢芳、李翔译，北京：中国建筑工业出版社，2003 年。

缺乏规划设计，就会促成城市的畸形发展，造成人口过密、交通拥堵和空气、水体与噪声污染严重等环境恶化现象。正如丘吉尔所说的："我们塑造了我们的建筑，但是后来，我们的建筑改变了我们。"[1] 因此，个体的建筑设计必须纳入城市规划设计之中，从城市环境整体上以人为中心，对"人—建筑—环境"的关系进行科学化、艺术化和最适化的设计协调。

建筑设计是指为满足一定的建造目的（包括人们对它的使用功能的要求、对它的视觉感受的要求）而进行的设计。是指对建筑物的结构、空间及造型、功能等方面进行的设计，包括建筑工程设计和建筑艺术设计，使具体的物质材料在技术、经济等方面可行的条件下形成能够成为具有使用功能和审美对象的产物。

在广义上，它包括了形成建筑物的各相关设计。按设计深度分，有建筑方案设计、建筑初步设计、建筑施工图设计。按设计内容分，有建筑结构设计、建筑物理设计（建筑声学设计、建筑光学设计、建筑热学设计）、建筑设备设计（建筑给水排水设计、建筑供暖、通风、空调设计、建筑电气设计）等。

在狭义上，是专指建筑的方案设计、初步设计和施工图设计。根据生产工艺的要求，设计建筑的平面形状、柱网尺寸、剖面形式、建筑体形；合理选择结构方案和围护结构的类型，进行细部构造设计；协调建筑、结构、水、暖、电、气、通风等各部分要求。

从教育部学科设置上也可看出端倪。在教育部学科目录上，"建筑学"属于工学门类里面的一级学科，而"环境艺术设计"专业属于文学门类里面一级学科"艺术学"下面的二级学科"设计艺术学"里面的专业方向。

1.1.2 环艺设计与美术的亲缘关系及异同

如上所述，环境艺术设计是多学科、多专业相互交叉、共同作用的学科专业群。其中，美术是环境艺术设计的基础，并且美术的审美观念

---

[1] Charles Kenvitt, Space on Earth, Thames Methuen, London. 1985, p.9-11.

始终贯穿环境艺术设计活动的整个过程。故环境艺术设计与美术二者关系非常密切。

环境艺术设计是属于大的设计概念范畴中的一分子。环境艺术设计虽然与建筑设计相伴而产生，但作为一个独立的专业产生较晚。在教育部学科目录上，"美术学"是属于文学门类里面的一级学科"艺术学"下面的二级学科，而"环境艺术设计"专业属于文学门类里面的一级学科"艺术学"下面的二级学科"设计艺术学"里面的专业方向。

环境艺术设计与美术的关系从宏观上等同于大"设计"概念与"美术"的关系。设计与美术是两个不同的领域，但自从产生以来，二者就相互交叉，互相纠缠。

现代意义上的美术（Fine Arts）概念是在文艺复兴提高艺术家地位的基础上，经由17世纪晚期"古今之争"对艺术与科学的区分，并最终由巴托（The Abbé Batteux, 1713—1780）确立起来的。巴托在1746年出版了《相同原则下的美的艺术》（les beaux arts réduits à un même principe），对美的艺术与机械艺术作了明确的划分，现代美术体系开始建立起来。为着审美（愉悦）目的的美的艺术与为着实用目的的机械艺术的分离，实际上就是现代意义上的美术与设计的分离。从这里可以明显地看出，在此之前，设计与美术活动是融为一体的。这正是设计与美术关系密切的源头。

美术这个概念，"在古代拉丁文中与希腊文中一样，它意味着一种技艺化了的东西。"[①] 在古代汉语中，美术同样也是指技艺。显然，人类早期的美术、设计与制作活动是不分的，难以在概念、理论上作出清晰的区分。其实，实用与美观相结合是人类造物活动的一个基本特点。所以，原始时代大多数人工制品既是工艺品又是艺术品。直到文艺复兴时期，美术家仍然属于工匠的行列，如画家有时属于药剂师行会，因为药剂师给画家配制色料；雕塑家属于金匠行会，建筑师属于石匠与木匠行会。但一些杰出的艺术家如达·芬奇、米开朗琪罗等以其自身的杰出艺

[①] 科林伍德《艺术原理》，北京：中国社会科学出版社，1985年，第5页。

术成就,以及将艺术攀附科学(如数学)、诗歌,寻找证据支持"艺术创造"和"上帝创造"之间的联系等诸多努力,将艺术家的地位逐渐提升到工匠之上。美术的概念(现代意义上)初步确立,与此相应,美术活动与实用性的制作活动在理论上开始有了较为清晰的区分,但在实践中,美术家往往也同时为实用性的制作活动从事设计工作,在客观上也开始使设计活动与制作活动出现分离。也正是在这一时期,作为艺术要素的设计(Disegno)概念开始出现。最初的设计(Disegno)概念意为"素描",指的是艺术家在创作规划初期所作的绘图与描述构想的行为,尤其是佛罗伦萨和罗马的艺术家,因为多在石膏上创作,之前必须做大量练习草稿,因此非常重视"Disegno"。由于在构图中必须考虑比例、整体与局部的关系等问题,"Disegno"的概念逐渐扩大,并成为瓦萨里所强调的"三项艺术的父亲"。在瓦萨里及其后诸如祖卡里等人的努力下,作为美术核心范畴的设计,理所当然地与艺术的"创造性"、"理念"建立起了联系,从而使设计作为一种观念性的行为与具体的制作活动有了较为明确的区分。这时,设计与美术的关系可谓十分复杂,一方面,美术活动与实用性的设计、制作活动之间的区分逐渐清晰,但美术家同时从事设计活动,使设计一开始就被打上了美术的烙印;另一方面,设计概念产生于美术范畴之内,是美术的核心要素,即美术赋予了设计以概念及相关元素与特征,使美术在一开始就进入到设计的本质属性之中。反过来看,设计是一个广义的概念,是美术和制作活动的基础。美术与设计概念(现代意义上的)出现之初的这种交叉复杂的关系,成为了设计与美术关系的主调。巴托及以后的艺术家、理论家所共同建立起来的现代美术体系,使美术活动与设计活动的目的及工作范围在理论上有了清晰的区分,但在实践中,美术家仍然不断加入到设计活动之中,兼有设计师的身份。

18世纪末期,工业机器大生产出现,手工业产品从此受到了越来越严重的打击。由于新的机器美学还未建立起来,手工业设计对新的工业生产并不能构成指导,工业产品与手工业产品相比出现了较大的差距。因此,普金(Augustus Pugin,1812—1852)、拉斯金(John

Ruskin，1819—1900）等人发起了对工业革命的激烈批判，受其影响的威廉·莫里斯等人掀起了"工艺美术运动"，力图以手工艺制作来反对机器与工业化。莫里斯认为："在艺术分门别类时，手工艺被艺术家抛在后头。现在他们必须迎头赶上，与艺术家并肩工作。"① 莫里斯等人的工作实际上是在倡导打破"大美术"与"小美术"的界限，使分离不久的二者重又结合起来，共同对制作活动进行指导。这一观念被包豪斯所继承并发扬光大。1919年由沃尔特·格罗皮乌斯（Walter Gropius，1883—1969）创立的包豪斯是第一所现代设计学校，其成立宣言认为："美术不是一种'职业'。在美术家和手工艺人之间没有本质的区别。美术家是一位提高了的手工艺人。"② 在此基础上的设计教育，是融美术与技术于一体的教育。事实上，美术与技术是设计必不可少的两翼。设计最终要诉诸视觉表现，正是美术为设计提供了视觉上的元素与技巧，甚至理论上的概念、术语与学科的建构模式，设计师的造型基础与装饰能力的训练都依赖于美术的训练。因此，从现代设计（职业）的开端上来看，美术与设计也有着十分紧密的联系。

　　设计与美术之间在长期的成长过程中互相从对方汲取元素，相互影响。实用与美观相结合，赋予物品物质与精神的双重作用，是人类造物活动的一个基本特点。"在一艘船上，什么东西能像侧舷、货舱、船首、船尾、帆桁、风帆、桅杆那么必不可少？然而，这些必不可少的东西都有优美的外形，它们似乎不光是为了安全才发明出来的，而且还为了给人以审美的乐趣。神殿里和柱廊里的柱子是支撑上部结构用的，然而，它们既有实际用处，又有高贵的外形。朱庇特（Jupiter）神殿的山墙以及别的神殿上的山墙并不是为了美而建造的，而是为了实际需要修造的，在设计者考虑如何使雨水从建筑物顶的两边落下时，庄严的山墙便作为结构所需要的附属品而产生了……"③ 因此，对艺

---

① H. Jackson. William Morris on Art and Socialism. London, 1947. p.26.
② 格罗佩斯《包豪斯宣言》，奚传绩编《设计艺术经典论著选读》，南京：东南大学出版社，2002年，第179页。
③ 贡布里希《秩序感——装饰艺术的心理学研究》，杨思梁、徐一维译，浙江摄影出版社，1987年，第40－41页。

术的追求，实际上是设计不可避免的"宿命"。这正是设计与美术相互纠缠、关系紧密的根本原由，也使具体的美术活动与设计活动往往相互渗透、相互影响。

美术对设计的影响是多方面的。其一，美术家的影响。美术家参与设计可谓历史悠久。文艺复兴时期，美术家就是设计的一支重要力量，如拉斐尔（Raffaello Sanzo，1483—1520）、米开朗琪罗和瓦萨里等，他们不仅自己从事设计，并且为了满足大客户的需要而培养、训练了专门的设计师，大大加快了设计师走向职业化的进程。莫里斯以美术家的身份加入设计，组织一批美术家设立设计事务所，发起了一场影响深远的"工艺美术运动"，为现代设计的诞生奠定了基础。再如达利（Salvador Dali，1904—1989）曾为芭蕾舞设计布景、服装，设计珠宝及著名的"螯虾电话"等，对设计与时尚产生了不可忽视的影响。他的朋友，著名的服装设计师夏帕锐利（Elsa Schiaparelli，1890—1973）的很多服装与装饰品就是受他的影响而设计出来的。美术家的参与，不仅扩大了设计的力量，极大地丰富了设计的视觉语言，并以一种新的视角刺激着设计的创新与发展。其二，美术运动的影响。20世纪，几乎每一次美术运动——立体主义、构成主义、未来主义、风格派、表现主义、波普艺术等，都与相应的设计运动相伴而行，为设计运动提供直接的理论指导。事实上，各个时代设计与艺术的审美趣味是一致的，设计与美术的发展因此并行不悖。如风格派、构成主义都不仅关心创造新的视觉风格，也力图创造新的产品与生活方式，很自然地将艺术与工业联系起来。其成员大都主动走向设计，创造出了一大批著名的设计作品，如塔特林（Vladinir Tatlin，1885—1953）的第三国际纪念塔等。同时，表现主义、风格派、构成主义等艺术运动的理论都渗透到包豪斯的设计教育体系之中，对整个现代设计都产生着深远的影响，今天各国设计院校所设置的"三大构成"课程，就是这一影响的结果。其三，审美观念的影响。对审美的追求是设计与设计相衔互济的桥梁。艺术是审美的典型形态，集中体现了某一时代、地域的审美观念，并在此基础上形成了独特的艺术语言。因此美术是设计的直接美学资源，美术的审美观念指导着设计审美创意的产生、视觉形式的选择、视觉元素的安排等，直接影响到设计对美的表现。可以说，没有对美术的深刻认识，纯公式化的设计不会创造出富有感染力的作品。如里德维尔德（Gerrit Rietveld，1888—1964）设计的著名的《红蓝椅》，以简洁的物质形态反映了风格派运动的审美观念，成为设计史上最富创造性和最重要的作品之一。

总体上来讲，即使在一个特定的时代，美术也是一个复杂的现象。美术家个人并不是一个孤立的个体，他总是受某一时代审美观念的影响，或者属于某一个艺术流派、某一艺术风格，或者卷入某一艺术运动。因此，美术对设计的影响，往往是以综合的方式出现，美术家、美术运动、审美观念也往往是综合起来发挥作用，或者成为直接推进设计发展的力量，或者成为设计的资源与灵感。

设计对美术的影响也是多方面的。其一，设计文化对美术观念的影响。现代设计将人类物质生活不断向精神领域拓展，促进了日常生活的审美化进程，由此产生的大众文化观念促使美术改变其部分远离生活与大众的倾向。杜尚（Marcel Duchamp，1887—1968），名为《泉》的小便器堂而皇之地进入美术馆展出，就是美术改变传统观念的开始。再如波普艺术、后现代艺术等艺术流派的大量作品，都直接受到设计文化的影响而刻意模糊艺术与生活同大众的界限。其二，设计文化为美术提供了新的创作题材与内容。设计文化使人类的物质生活日益走向丰富，新的产品形态不断出现，人类的生活方式因此发生巨大的变化，对美术创作构成新的刺激，促使美术突破传统人物、风景题材的狭隘范围而扩展到一切社会现象、社会生活的广阔领域。其三，设计对美术创作材料、手法的影响。塑料、钢铁、电脑辅助技术、多媒体技术等新的材料与技术，都已经进入现代美术创作之中，成为美术家创作革新的重要手段，甚至产生新的艺术门类，如电脑美术、三维动画、数字艺术等。总之，设计通过技术革命，不断产生出新的媒体和新的产品形态，以此影响人类的生活方式与掌握世界的方式，与此相应，美术也将不断受到新的冲击而日益走向丰富。

要把美术与设计明确地区别开在某种程度上也是很难的，但是毕竟现在这是两个越来越各具个性的专业。设计与美术既有很深的历史渊源关系，在发展的过程中又互相影响，甚至纠缠到一起，往往很难加以区分。但它们毕竟是两个不同的领域，在很多方面存在着较大的区别。

设计与美术最根本性的区别在于：设计是一种经济行为，而美术是一种审美行为。设计与美术的其他差别都由这一根本区别派生出来。

设计的目的是实用，是为社会提供满足人们各种需要的产品，属于形而下；美术的目的在于审美，它向社会提供满足人们审美需要的精神产品，属于形而上。作为经济行为，设计受到各种经济因素的制约，要考虑成本、技术、市场需求，要深入了解与此相关的所有因素，因此设计师必须与社会保持紧密联系，不能与社会脱节，不能"闭门造车"；作为审美行为，美术不受经济的制约，与社会的交往只是为了获得审美经验与创作灵感，美术也有美术品市场，但美术可以不必考虑社会需求，甚至可以远离生活，创作极为自由。设计作品具有广泛的认同性，其好坏优劣由广大的公众来评判，在市场中可以检验出来；美术作品具有非广泛认同性，美术的价值不能以经济的标准来衡量，也不以公众的喜好来区分优劣，甚至往往出现优秀的艺术作品长时间内不被公众认可的现象，但真正优秀的艺术作品最终会获得公众的认同。作为经济行为，设计往往成为一个国家、机构或企业发展自己的有力手段，因此设计是关乎国计民生的大事；作为审美行为，美术则是一个国家、机构或企业精神文明建设的一个重要环节，它所反映的是一个国家的精神面貌。

在具体的工作方式上，设计与美术有着较大的差别。设计要面向市场，要以赢得公众的满意来证明自己是否成功，设计师就不能独断行事。在现代社会，设计越来越表现为一种集体行为，一项设计任务，往往由多个设计师组成设计团体，集中大家的智慧来共同完成。一个设计师的工作范围和职责都是有限的。而美术虽然也有自己的艺术市场，但美术家不必依赖于公众的认可，其创作完全由自己一人来决定，也由其一人独立完成。集体创作一幅艺术作品的现象极为罕见，美术创作从本质上是排斥集体创作的。与此相对应的是，设计活动中设计师个人的创造力、个性与整个集体、消费群体往往存在矛盾，需要协调甚至妥协；美术不存在这个问题。在具体的创作过程中，设计师要与各种因素协调与妥协，不仅设计的调查、论证、实施的过程要多次反复，往往还要根据市场检验后的反馈进行重新设计，设计师的意图表达完整后，设计并未最终结束，整个设计创作呈现为一个多次反复的螺旋上升以及协调的过程；美术的创作过程则极为自由，具有很大的随意性，但整个进程基本上是一种线性的前进过程，是一次完成的过程，美术家将自己的创作意图明确表达出来之后，就已标志着创作的完成。这同时也表明，虽然设计与美术一样是一种创造性的活动，在视觉表现上也都依赖感性形象的创造，但设计不能过多地依赖个性，而要更多地偏向理性，以科学的思维和方法，依照一定的设计程序来进行，个性与标准化可以实现统一；美术则更多地偏向感性和个性，标准化意味着美术的死亡。因此，设计为满足社会大众的需要，可以批量生产；而美术作品往往只有一件，对于一位美术家来说，重复创作是不太可能的。

可以说，设计是一种集体经济行为，要强调与他人的沟通与协作，考虑社会广大公众的各种需要，并为此隐藏自己的个人情感的表达，更多地是一种社会性的行为；而艺术则是一种个人审美行为，虽然也必须对社会负有责任，但不必考虑社会的需求，注重个人情感彻头彻尾地宣泄，更多地表现为私人行为。

另外，从学科属性上来看，设计是一门综合性的交叉学科，兼跨物质与精神两个领域，因此需要多个学科的支撑，如属于自然学科的数学、物理学、材料学、机械学、工程学、电子学、人体工程学等，属于人文与社会科学的社会学、经济学、法学、心理学、美学、传播学、伦理学、艺术等，这些广阔的学科领域，都对设计学科的建设有着切实的意义。具体较为复杂的设计实践，如一个大型的景观设计，就需要环境科学、社会学等多个学科领域人员的参与才能圆满完成。美术属于人文学科，学科性质单一，与如文学、美学、哲学等其他学科也有着较为密切的关系，但这些学科对美术只能是一种间接的影响。一个美术家不懂得经济学的任何知识,并不妨碍他成为一个优秀的艺术家;但如果一个设计师不懂得经济,绝不可能成为一个优秀的设计师。

1.2 国内主要院校环艺系办学简史

1.2.1 清华大学美术学院环境艺术设计系简介

清华大学美术学院环境艺术设计系是我国大陆地区最早设立室内设计和景观设计专业方向的系。其前身是创建于1957年的中央工艺美术学院室内装饰系,先后更名为建筑装饰系、工业美术系、室内设计系。1988年,又将"室内设计"专业范围拓宽定为现名——环境艺术设计系,并将该专业名称列入国家教委专业目录。

中央工艺美术学院环境艺术设计系较早地集中师资力量编辑出版专业教材及工具书,填补了当时国内相关专业书籍的空白,也为国内专业教学的发展承担了基础建设工作。中央工艺美术学院室内设计系——环境艺术设计系以及后来更名的清华大学美术学院环境艺术设计系对我国室内设计——环境艺术设计的发展和壮大,起了巨大的推动作用。

历经数十年的建设和积累,该系师资具有丰富的专业教学经验,具备国内一流的专业教学水平。清华大学美术学院环境艺术设计系是国内环境艺术设计专业最早建立本科、硕士研究生和博士研究生教学点以及博士后科研工作站的专业系科,具有设计艺术学学科的硕士和博士学位授予权。2001年1月,"设计艺术学"被教育部评为"全国高等学校重点学科"。在完整的教学体系培养下,毕业生成为我国环境艺术设计领域和教学领域的骨干力量。

清华大学美术学院环境艺术设计系及其前身中央工艺美术学院室内装饰系——环境艺术设计系对我国的环境艺术设计及其教育事业作出了突出的贡献。从20世纪50年代的"十大建筑",到改革开放后的重点工程;从国内首创"室内设计"专业教学体系,到以环境艺术设计的概念向景观领域的扩展,尤其在改革开放以来,全系师生在国内外各种重大艺术设计创作活动中取得了显著的成就,先后出色地完

第1章 环艺设计教学体系的历史及现状（纵向回顾）

人民大会堂的大礼堂（资料来源：《室内设计经典集》，主编：张绮曼　副主编：郑曙旸，中国建筑工业出版社，1994年）

成国家和国际重大艺术设计项目。近年来环境艺术设计系师生的设计与教学成果不断获得国家级各类专业奖项，保持了该专业在国内发展的领先地位。

该院环境艺术设计系现设有室内设计和景观设计两个专业方向。

该院环境艺术设计系室内设计的专业内容为建筑内部空间装修、陈设的综合设计。涉及建筑、土木工程、造型艺术、产品设计、声光机电等专业门类。以"室内设计"系列课程作为核心，按照专业基础、专业设计、专业理论、实习与社会实践、毕业设计与论文五个环节展开，主要开设：空间设计概念、设计表达、人体工程学、材料构造与工艺、建筑设计基础、陈设艺术设计、家具设计、环境照明设计、环境色彩设计、环境绿化设计、环境艺术设计概论、中外建筑与园林史等课程。使学生具有较系统的专业基础理论知识，良好的环境整体意识和综合的审美素质，掌握系统设计的方法与技能，具有创造性思维和综合表达的能力。通过对传统、现代风格的设计典型范例的教学，掌握室内空间造型、界面装修设计、陈设艺术设计的基本方法。确立完整的空间与尺度概念，具备合理运用材料与工艺的能力。

环境艺术教学控制体系设计

北京展览馆的门头鎏金花饰,主要设计人:安德烈耶夫、奚小彭(资料来源:《室内设计经典集》,主编:张绮曼,副主编:郑曙旸,中国建筑工业出版社,1994年)

景观设计的专业内容为城市空间视觉形象与建筑景观系统的综合设计。涉及城市规划设计、建筑设计、园林绿化设计、造型艺术以及公共设施等专业门类。本专业方向以"景观设计"系列课程为核心。按照专业基础、专业设计、专业理论、实习与社会实践、毕业设计与论文五个环节展开,主要开设:空间设计概念、设计表达、地景勘测、建筑形态学、园艺基础、公共设施设计、公共艺术设计、园林设计、城市设计、城市规划原理、中外建筑与园林史、环境行为心理学等课程。使学生了解中外城市、建筑、园林设计的发展史,具有良好的环境整体意识和综合的审美素质,掌握系统设计的方法与技能,具有创造性思维和综合表达能力。通过对传统、现代风格的设计典型范例的教学,使学生掌握总体平面规划、空间形态、景观构成要素等设计方法,具备对环境景观的综合判断、分析能力和设计实施、管理能力。

清华大学美术学院环境艺术设计系十分重视教学的社会实践环节。在有条件的情况下进行课程的项目教学，使学生在校期间就具备一定的专业实践能力。依托广泛的社会交流基础和日益增多的国际交流机会，为学生提供各类学习平台，同时也创造了良好的就业前景。学院一贯注重培养学生的创新精神和创新能力，在加强专业基础教学的同时，不断拓宽学生的知识面，努力提高学生的综合素质；注重学习中外各民族和民间艺术的优秀传统；注重学术交流，关注和研究国内外美术与艺术设计学科发展动向；提倡严谨治学、理论联系实际、实事求是的良好学风；强调设计为生活服务，设计与工艺制作、艺术与科学的结合；培养学生敏锐观察生活的能力和为国家经济和文化建设作贡献的意识；创造活跃的学术气氛和良好的育人环境。该系师资力量雄厚，教学设施完备，实验手段先进。

环境艺术设计系这两个专业一年招收40人，并没有扩大招生，其目的和用意实际上是要培养高尖端的人才。现在处在一个转型期，即由过去注重技能培养转向培养学生的学术思想、独立思考的能力。因为思想的传播可能比作品的传播更快一些，将来对社会的引领可能会在更短的时间内见效。如果仍然仅仅依靠作品，这个转化是比较慢的。在整个行业即将变化的时候，最早的变化是从思想上开始的，他们认为自己的责任是要在学术思想上起到引领作用，这是符合大学的要求的，也是整体教育方针的调整。[①]

学校要能够给学生30岁以后脱颖而出的资本，这个资本就是思想和抱负。他们不能追求毕业初期就技术熟练、很受欢迎，但在设计群体里所处的位置不是很高的人才定位。他们现在的定位是设计金字塔上的尖，精英式的教育培养精英式的人才。

该系本科实行学分制，按分部招生。新生入学后，第一年在基础教研室管理下学习基础课程，根据各系专业性质，其基础课内容略有不同。第二年开始回各自专业系学习。

---

① http://www.cceaa.com/environment/news_display.aspx?id=495 中国建设环境艺术网——摘自对清华大学美术学院环境艺术设计系主任苏丹的采访。

1.2.2 清华大学美术学院环境艺术设计系简史

中央工艺美术学院环境艺术设计系的前身（原名是室内装饰系），是中国最早在大学中设立的室内装饰系，拓展专业后改名为环境艺术设计系。

该系一贯坚持教学、设计、科研相组合的办学原则。50多年来，已为国家培养出大量艺术设计人才、科研和教学人才。他们大多已成中国室内外环境设计专业骨干力量，活跃在教学、科研、设计的各个部门。

1949年新中国建立初期，先辈艺术教育家刘开渠、雷圭元、庞薰琹等人倡议在美术院校应开设室内装饰专业。嗣后，几经筹划，在两院（中央美术学院和中央美术学院华东分院）工艺美术系合并后的工艺美术研究室编制中，设立室内装饰教研室。由张光宇先生主持指导。1956年11月中央工艺美术学院成立后，1957年就正式设置室内装饰系，并首次招生，室内装饰的专业设置有室内设计、家具设计等。徐振鹏任系主任，顾恒、奚小彭、罗无逸、谈仲萱、程新民、梁任生等任专业设计教师。

1957～1958年，装潢设计系和室内装饰系合并为装饰工艺系。由徐振鹏负责。1958年，装饰工艺系分解。原装潢设计系改名为装饰绘

人民大会堂的大礼堂顶棚与座席（资料来源：《室内设计经典集》，主编：张绮曼　副主编：郑曙旸，中国建筑工业出版社，1994年）

第 1 章　环艺设计教学体系的历史及现状（纵向回顾）

人民大会堂的宴会厅汉白玉大楼梯（资料来源：《室内设计经典集》，主编：张绮曼　副主编：郑曙旸，中国建筑工业出版社，1994 年）

画系。原室内装饰系改名为建筑装饰系。虽然这个时期，专业教育正处于起步阶段，但建系后不久，全系师生就有了一次参加全国重大建设任务的机会。

为了迎接国庆 10 周年，北京从 1958 年底开始兴建"十大建筑"，12 月，学院在院务委员会的领导下组织 75 名师生作为"十大建筑"装饰设计工作的基本队伍。留校上课的师生作为后援，由副院长雷圭元领衔。建筑装饰系的师生们被编为一个工程组，与学院的其他 5 个工作组共同工作，师生们进驻工地，夜以继日进行紧张的装饰方案设计工作，完成大量草图。方案经过优选后继续深入推敲，绘制施工图，审核施工大样。系里承担了人民大会堂山东、云南、山西、甘肃、辽宁、陕西、北京等厅的室内装饰设计及顾问工作，以及人民大会堂、中国革命、历史博物馆、民族文化宫、民族饭店等的建筑装饰任务。参加设计的教师有徐振鹏、奚小彭、罗无逸、崔毅等。

人民大会堂的宴会厅（资料来源：《室内设计经典集》，主编：张绮曼　副主编：郑曙旸，中国建筑工业出版社，1994年）

20世纪50年代末，中央工艺美术学院以室内装饰系为主全院师生参与了北京"十大建筑项目"。主要是配合建筑师进行"室内装饰"设计、家具设计、陈设艺术品的设计与制作。顶棚、门头、檐口是重要部位，主要是民族形式，中西结合的设计手法，但是由于时代背景的局限性，其"室内设计的重点放在室内界面的表面装饰上，因此装饰图案使用过多，大多采用政治题材（太阳、五星、万丈光芒、麦穗、向日葵等），室内色彩也以象征革命的红暖色调为主。人民大会堂大面积红地毯尤为突出，它影响到我国多年来各地建筑的室内设计不分场合地使用大红地毯，以象征革命。此外对称性大厅的正面墙上悬挂大幅绘画的做法也流传甚广，成为现代厅堂的程式化做法。"①

今天看来，北京十大建筑宏伟壮丽的气势、端庄大方的民族风格及其所凝结的崇高乐观的时代精神，依然是一个伟大的光辉典范，代表了当时中国建筑和室内设计的最高水平。但是用今天的眼光来看，当时的某些教学方法和设计手法上的一些问题值得进一步探讨，但是，我们不能脱离时代背景去苛求前人。而且无论如何，在那个时代，那就是最好

---

① 张绮曼主编《环境艺术设计与理论》，中国建筑工业出版社，1996年，第4页。

的！设计历史资料的价值，不是留给我们以现在的审美观和价值观去简单地评价前人，更重要的是以史为鉴，为今天和未来提供经验和方法论。这是我们面对历史、今天和未来所应该具备的态度。

人民大会堂的全国人民代表大会常务委员会办公楼过厅（资料来源：《室内设计经典集》，主编：张绮曼　副主编：郑曙旸，中国建筑工业出版社，1994年）

由于十大建筑代表了当时中国建筑的最高水平，对于学院而言这是一次高层次的实践机会，不仅培养了师资队伍，而且锻炼了一批学生。在十大建筑中获得的专业能力、人员储备以及在行业内外的影响，为该系未来的发展奠定了良好的基础。

1962年8月31日，中央工艺美术学院根据国家计委、教育部的通知，对高等学校通用专业目录中三个工艺美术专业提出修改意见，以"美术"一词统一专业名称，其中"建筑装饰"建议改为"建筑美术"。理由是该专业内容包括建筑陈设布置、家具设计等项，比较广泛，不仅是建筑装饰问题。"建筑美术"一词比较概括，而且"装饰"一词有"附加的"、"外在的"词义，与专业内容不够贴切。

由此可见，在那之前的工艺美术概念只是"一个系统末端上的一些修饰和附加，而非其中的一部分。"[①] 而在此之后，把"工艺美术"（即今天的"设计"）往"美术"的概念上靠，和以前的"装饰"理解没有实质性的变化。只不过不愿承认自己"装饰"的附庸次要位置，而想以"美术"来强调其独创性及其价值。但是现代设计的概念，即事务如何运转的讨论还是被排斥在系统之外，设计会增添价值，以及时尚和现代技术还没有找到应有的位置。

"文革"期间，全国的高等教育体系均遭受重创。中央工艺美院的教育工作经过调整刚刚走上正轨的教学工作全面停滞，该系的许多老师

民族文化宫的门头花饰，主要设计人：奚小彭（资料来源：《室内设计经典集》，主编：张绮曼 副主编：郑曙旸，中国建筑工业出版社，1994年）

---

① 英国《金融时报》撰稿人，劳里斯•摩根•格里菲斯（Lauris Morgan Griffiths）2008年5月9日。

第1章 环艺设计教学体系的历史及现状（纵向回顾）

中南海紫光阁接见厅，主要设计人：郑曙旸、潘吾华（资料来源：《室内设计经典集》，主编：张绮曼　副主编：郑曙旸，中国建筑工业出版社，1994年）

钓鱼台国宾馆十二号楼总统套房——总统卧室，设计人：陈增弼，（资料来源：《室内设计经典集》，主编：张绮曼　副主编：郑曙旸，中国建筑工业出版社，1994年）

环境艺术教学控制体系设计

人民大会堂的接见厅，主要设计人：奚小彭、张绮曼等人（资料来源：《室内设计经典集》，主编：张绮曼　副主编：郑曙旸，中国建筑工业出版社，1994年）

毛主席纪念堂的大堂，主要设计人：吴观张、寿正华、张绮曼、何镇强等人（资料来源：《室内设计经典集》，主编：张绮曼　副主编：郑曙旸，中国建筑工业出版社，1994年）

也遭受不公正的对待。但即使在这样的情况下，该系仍参加了一些国家重大建设任务。例如，1972年，学院承接了国际俱乐部、北京饭店的建筑装修任务，教师奚小彭等人参与饭店室内装饰、陈设用瓷和餐具、壁纸、地毯等项目的设计工作。何镇强还参与完成了一批绘画作品用作室内陈设。另外，这一时期，学院的部分师生如顾丁茵等还参加了中国历史博物馆复馆的陈设设计与创作任务。

1978年12月，中国共产党召开了第十一届三中全会，我国社会主义进入一个新的历史发展时期，该院的各项工作也出现了新的局面。

1977年下半年，随着该院恢复了停顿10年之久的全国统一招生的考试制度，工业美术系也招收了"文革"后第一批本科大学生，共25人。1978年5月招收研究生班，共9人。1977~1979年间，这几届学生是从积累了多年的考生中优选出来的，专业水平素质普遍较好，不少人成为后来艺术设计领域的骨干。

工业美术系的1977级、1978级、1979级三个班不分专业。以室内设计专业为主，兼学工业造型方面的课程。1980年开始分为室内设

第1章 环艺设计教学体系的历史及现状（纵向回顾）

重庆江北机场航站楼内景，主要设计人：布正伟（资料来源：《中国近现代室内设计史》，杨冬江著，中国水利水电出版社，2007年）

计与工业产品设计两个专业，工业美术系确定了总体出发的专业课教学结构，重视专业设计课与模型制造、实物制作与社会任务相结合。课程设置上紧扣专业特点和需要，强调系统性，突出重点。同时，根据不同专业特点，采取由个别到整体和由整体到个别两种循序渐进的专业教学体系。1981年下半年，工业美术系在基础课程中试行构成课并且与传统图案课有机地结合，从抽象构成向应用设计过渡，逐步丰富不同材料、不同工艺特征的构成教学，在授课内容上，因专业需要有空间或立体等的不同侧面。图案课程注意与专业设计教学的衔接，强调民族民间特色，教学安排上横跨基础和专业设计两个领域，试开了民族民间图案课、传统陈设课、中国古建筑装饰概论等课程。除了在课堂进行必要的理论讲授以外，还安排学生进行有目的的、有适当深度的社会调查，选择典型实例作针对性讲解。要求学生写调查报告并作为考核内容计算成绩，并曾先后为昆仑饭店、钢铁研究院等建设工程做了设计方案。

面对一直存在的专业师资严重不足的情况，系里一方面充分发挥老教师的力量，保证教学质量；另一方面通过抽调外单位专家人员来充实教学，并积极培养研究生，有目的地为各教学岗位储存师资。这一时期，许多优秀的艺术家、工艺美术家调入该系从事教学工作。由于当时学院把重点放在从自己的研究生中培养师资的工作上，因此选派一些优秀毕业生出国留学。在学习中，他们增长了才干，获取了国外设计教育的最新信息，为该系的建设注入了新鲜血液，也为随后而来的专业发展高潮期作好了准备。

20世纪80年代，该系随着学院各专业的整体结构的发展而快速发展。除本科生、专科生和研究生外，1988年起，系里开设了进修班、培训班，着力为社会培养多层次的专业人才。

1985年7月10日，在室内设计系设计室的基础上成立中央工艺美术学院"环境艺术设计中心"，属学校直接领导下的一个独立核算、自负盈亏的事业单位。

1988年5月，室内设计系更改名称为环境艺术设计系，招收环境艺术设计专业学生。室内设计专业的教学，注重树立室内环境的整体设

金碧酒店的大堂钢琴台与休息厅，主要设计人：潘吾华、徐放、宋立民。（资料来源：《室内设计经典集》，主编：张绮曼　副主编：郑曙旸，中国建筑工业出版社，1994年）

计观念。从在园林、建筑及室内实用品、艺术陈列品等多方面的设计实践中，对学生进行基础技能的训练，不断增强艺术修养和现代科技知识，强化创造力。家具设计，是室内环境设计的重要组成部分。家具设计专业通过课堂教学、操作实习等活动，联系生产实际和生活实际，开发学生的智能和进行设计技能训练。把创造力的培养，放到教学的首位，以培养各类家具设计的专门人才。张绮曼任系主任。

这一时期，国家各方面建设蒸蒸日上，对室内设计行业有极大的社会需求。学院师生坚持设计结合生产，为加强教学与生产实践的结合，发挥学院各专业系教师和专业技术人

国务院外宾接待楼第一接见厅，主要设计人：郑曙旸（资料来源：《中国近现代室内设计史》，杨冬江著，中国水利水电出版社，2007年）

员的创作设计和研究的潜力，适应改革的发展，为改善办学条件和教职工生活待遇，学院有组织地开展为社会有偿服务工作。

环境艺术设计系在这个阶段完成了许多大型设计和建设任务：北京王府饭店食街、中餐厅室内设计、中国驻比利时大使馆室内设计、约旦使馆春夏秋冬壁毯设计、日本长野县赠谷市点心苑商业设计、联合国粮食总部室内设计、北京兆龙饭店（高级中式客房）室内设计、美国使馆蜡染壁挂装饰设计、北京钓鱼台国宾馆清露堂室内设计、北京钓鱼台国宾馆十二号贵宾楼室内设计、北京中南海紫光阁接见厅室内设计、人民大会堂东大厅及接见厅室内设计、北京大观园大观楼室内及家具设计、

深圳金碧酒店室内设计、北京日坛餐厅室内设计、法国蓬皮杜文化中心中国建筑及生活环境展览设计、中国驻美国大使馆室内设计、全运会会旗图案设计、中日青年中心标志设计、中国贸促会北京分会会标及徽章设计等。

1987年以后，中央电视台多次与该系合作拍摄介绍室内设计和环艺设计专业片，对普及宣传室内设计、环艺专业起到良好的推动作用。1989年拍摄的《设计与文明》专题片在全国播放了6次，对促进现代设计观念的转变起到了意义深远的推动作用。1995年该系注册成立了环境艺术发展中心。

如果说北京十大建筑建设时期，是该系在行业的教育和实践中奠定基础的时期，那么20世纪80年代到90年代末的一段时间，则是该系真正快速发展、大展拳脚的时期。该系师生抓住了国家建设的有利时机，集聚了大量的经验、技术和人员力量，为该系甚至学院的今后发展，奠定了良好的基础。

20世纪90年代末，根据国务院关于部属院校与所在部委脱离的要

杭州金溪山庄的大堂，主要设计人：张绮曼（资料来源：《中国近现代室内设计史》，杨冬江著，中国水利水电出版社，2007年）

求,学院由中国轻工总会转归北京市领导,在这样的背景下,清华大学邀请中央工艺美术学院加盟,考虑到结合更好的学术资源、发挥学院的学科特点、争取科学与艺术结合的优势,学院决定并入清华大学。1999年11月20日,中央工艺美术学院加盟清华大学。环艺系更名为"清华大学美术学院环境艺术设计系"。此后,该系按照大学和学院的要求,进行了各项课程改革。系里还大力加强了系里的理论建设,为年轻教师提供各种进修机会。

自1998年开始,该系开始设实践类博士点,2001年7月,该系的第一名实践类博士生毕业,这也标志着该系的学科和学术建设进入了新时期。

2005年11月1日上午,美术学院举行新教学楼落成典礼。此前的2005年10月,该系随学院迁入了位于清华园的美术学院新址。

4年以来,教学楼和教师工作室使用情况良好,学院还出台了各种提高教学质量的措施和要求,教师们也有很高的学术热情,在各自的岗位上辛勤工作着。

1.2.3 中国美术学院建筑学院环境艺术设计系简介

20世纪80年代,我国在改革开放政策的指导下,经济与文化建设开始全面展开,物质与精神生活逐渐丰富多彩,人们开始关注生活品质、生活环境,追求美好的生存空间;国际设计学术界开始对艺术设计与工业革命的关系进行深入反思,对环境科学与设计展开研究,试图挽救工业物质文明产生的负面效应及其对生态与环境造成的危害;同时,在国内,原有的"工艺美术"概念也面临危机。在这种大背景下,由于市场的需要,中国美术学院提出了"大力发展设计教育"的方针。院系的有识之士在省众多建筑界、艺术界学者、教授悉意关怀、帮助和扶持下,不懈开拓,探索出了一条新的办学道路,继承了新中国建立初期国立杭州艺术专科学校(中国美术学院前身)建筑系科的传统,为培养独具艺术素质的综合性环境艺术设计人才不懈努力。在此背景下,中国美术学院于1984年在本院工艺美术系内设立室内设计专业,当时提出了"美

环境艺术教学控制体系设计

作者——中国美术学院建筑学院：王澍，图片摄影——江滨

作者——中国美术学院建筑学院：王澍，图片摄影——江滨

作者——中国美术学院建筑学院：王澍，图片摄影——江滨

第1章 环艺设计教学体系的历史及现状（纵向回顾）

作者——中国美术学院建筑学院：王澍，图片摄影——江滨

化人类生存空间"的教育宗旨。1986年1月设置了跨越艺术与理工专业界限、将其有机结合的综合性环境艺术设计专业，并于1989年1月创建了环境艺术设计系，这在全国同类院校中属于较早独立建立环境艺术设计系的院校。[1]

这一举动大大激励了全国美术院校的改革和艺术设计学科的发展，许多美术院校相继也建立了环境艺术设计系，掀开了我国设计艺术新的一页。[2]

目前，该系是以研究建筑与环境相关的设计为专业主攻方向的教学与研究单位，下设风景建筑设计研究院、模型实验室和电脑实验工作室。该系教学上沿承中国传统人文精神，研究人与居所的场所关系，重视建筑、景观和室内相关学科间的整合互动，培养具有全局观与创造性思维的风景建筑、室内等方向的高级设计与研究人才。

---

[1] 参与中国美术学院室内设计专业、环境设计系创建者，中国美术学院王炜民教授、赵阳教授口述。
[2] 参见中国美术学院环境艺术系简史与概况，卢如来撰稿，1997年。

环境艺术教学控制体系设计

作者——中国美术学院建筑学院：王澍，图片摄影——江滨

作者——中国美术学院建筑学院：王澍，图片摄影——江滨

第1章　环艺设计教学体系的历史及现状（纵向回顾）

在中国美术学院80多年的发展历史中，始终交叠着两条明晰的学术脉络。一条是以首任校长林风眠为代表的"兼容并蓄"的学术思想，一条是以潘天寿为代表的"传统出新"的学术思想。他们以学术为共器，互相砥砺，并行不悖，营造了有利于艺术锐意出新、人文多元发展的宽松环境，成为这所学校最为重要的传统和特征，创造了中国艺术教育史上的重要篇章。[①] 中国美术学院建校初期就提出了以"介绍西洋艺术！整理中国艺术！调和中西艺术！创造时代艺术！"为学术目标，来促进

作者——中国美术学院建筑学院：王澍，图片摄影——江滨

东方新艺术的诞生。自此80多年来，中国美术学院始终遵循着造型艺术与实用艺术并举的发展方针，使得中国美院的室内设计学科自建立以来，一直发育、滋养在浓郁的艺术人文氛围中，传承了该院严谨的治学传统，深受人文精神的关怀。今天在中国美术学院"多元互动，和而不同"的学术方针指引下，使环境设计学科在延续中国美院学术脉络的基础上，

---

① 中国美术学院建院80周年校庆资料摘引。

环境艺术教学控制体系设计

作者——中国美术学院建筑学院：王澍，图片摄影——江滨

有了更高更广阔的平台。展现为雄厚的设计艺术学和美术专业人才阵营和专业学科群，可以为环境艺术设计学科的教学、研究所利用，并形成优良合理的学术和教学资源配置。

中国美术学院环境设计系与东南大学有着特殊的渊源关系。自专业创立起，前三任系主任及现任建筑学院院长都有东南大学建筑学系学习的背景，他们当中有的前期就读于同济大学及天津大学建筑系。他们带来了国内名牌建筑院校严谨的学风和过硬的学术功底，促进了理工科院校的理性与美术学院的感性的结合，使专业教学凸显学科交叉性质；既重视工程技术，又注重人文关怀，特别重视本土建筑文化的传承与革新。[①] 他们为中国美术学院环境艺术设计系的创建与发展付出了诸多心血。同时，也使得环艺系自创建之日起，就汲取了名牌建筑院校的规范教学与教学经验。

中国美术学院环艺系拥有一支学术水平较高、教学经验丰富、整体素质较高的专业教师队伍。专业教师梯队完整，知识结构涵盖了环境艺

---

① 王国梁，中国建筑装饰装修杂志，总52期，p.213，《仍在蹒跚学步》。

术系所需的规划、建筑、景观、公共艺术、室内设计、家具设计等专业，体现了专业范围内的"多元互动"特色。在教师的知识结构上也体现了"技术与艺术的结合"。

中国美术学院环境艺术设计专业，依托在数量和质量上都居全国高校艺术、设计类图书前列的中国美术学院丰厚图书资料，展开教学和研究，完成人才培养任务，不断开拓进取，并将得到中国美术学院从教学空间、实验室空间、经费、图书等各方面的高度关心和大力支持。

随着中国美术学院象山中心校区的山北、山南新教学楼投入使用，环境艺术设计系的办学条件也得到了很大的改善。2007年象山中心校区建设完工，中国美术学院建筑艺术学院成立，下辖城市规划、建筑设计、景观设计、环境艺术设计四个系。中国美术学院环境艺术设计系办学条件和硬件设施跃上一个更高的新台阶。优质的条件和设施为中国美术学院教学质量的提升提供了重要的保障条件，促进了研究创作活动的深入开展。

作者——中国美术学院建筑学院：王澍，图片摄影——江滨

从历史地位和国际影响来看,中国美术学院已经成为世界当代艺坛中令人关注的创作和交流平台。中国美术学院与国外多所著名艺术院校、设计院校建立有长期、频繁的学术交流关系。与世界排名前列的美术院校,诸如美国罗得岛设计学院、德国柏林艺术大学、法国巴黎美术学院、俄罗斯列宾美术学院、日本东京艺术大学等建立了实质性的兄弟院校关系,学术交流频繁。2002～2005年,中国美院先后

作者——中国美术学院建筑学院:王澍,图片摄影——江滨

与柏林艺术大学、基尔美术学院、斯图加特造型设计学院联合举办了6期艺术及设计夏季学院,受到德国国家学术交流中心(DAAD)的充分肯定,被认为是近年来中德两国艺术交流领域的典范。在此基础上,中国美院又与柏林艺术大学建立中德艺术学院,联合培养研究生,揭开中外艺术教育交流史的新的一页。以此为依托,环境艺术设计系在过去几年与美国罗德岛设计学院和德国斯图加特造型设计学院进行

了多次教学上的交流与合作。同时，根据艺术院校的特点，中国美术学院环境艺术设计系教师、学生频繁参加国外大型艺术展览和设计赛事，并多次获奖。这些使得环境艺术设计系专业发展可以时刻了解国外相关设计领域的最新发展动态和学术研究成果，也可以通过互派师生、教学资源共享等，进行合作研究，促进学科建设国际对话，实现人才培养模式的民族性、时代性和国际性相结合。

1.2.4　中国美术学院环境艺术设计系办学理念、教学定位及特色

从事环境艺术设计教育首先就会涉及关于环境艺术设计的理念问题。不同的理念可能会形成不同的教学体系和课程设置，进而形成不同的教学风格。那么现代环境艺术设计究竟有什么样的特点呢？它与科学技术有怎样的关系，与艺术又有怎样的关系？设计是人类为实现某种特定目的而进行的创造性活动，是人类为优化生存环境、提高生活质量而进行的对客观物质世界的改造和重构活动。设计的本质在于创造。"设计的整个，就是把各种细微的外界事物和感受，组织成明确的概念和艺

作者——中国美术学院建筑学院：王澍，图片摄影——江滨

术形式,从而构筑起满足于人类情感和行为需求的物化世界。""这种实践活动最终归结于艺术的形式美系统与科学的理论系统。"①

自1984年开办环境艺术设计专业的20年来,中国美术学院环境艺术设计系一直致力于改善人居环境建设的环境艺术设计教育研究。1997年明确地将"建筑、景观、室内"作为一个整体的三条互动的教学主线,强调跨学科、整体性的教学。所以,积极筹办建筑专业、景观专业,2001年环艺系增设建筑艺术专业方向;2003年,获批准设立建筑学专业,同年10月正式成立了建筑艺术系。

中国美术学院环境艺术设计系教学定位:培养以建筑为母体,向室内、外拓展,衍生出建筑、景观设计与室内空间营造设计等方向的专业化人才。而后在这种认识的基础上构架出一个学科体系。

作者——中国美术学院建筑学院:王澍,图片摄影——江滨

中国美术学院环境艺术系教学的特色比较鲜明的有三点:1.整合教学。2.重视传统与人文素养。3.重视动手与实践能力。形成了设计教学"道"与"器"并重的特色。②

1. 整合教学。2000年9月,中国美术学院环境艺术设计系明确提出建筑、景观、室内三条教学主线整合性教学。那时环艺系进行了第四次教学计划的修订。具体内容就是每学期以一门建筑课为主线,加入和该建筑相关的室内设计以及景观设计。强调建筑、室内、景观一体化的设计概念,强调跨学科多技能的素质教育,又显示出环境艺术设计教学的综合性、整合性与模糊性。

---

① 潘鲁生著《设计艺术教育笔谈》,山东画报出版社,2005,p.37。
② 邵健《开拓进取 构筑未来》,中国建筑装饰装修杂志,总52期,p.212。

2. 重视传统与人文素养。中国美术学院环境艺术设计系在教学中历来重视中国传统建筑文化的传承，以及自然生态和建筑环境的关系。反映在教学上就是一贯强调全局观、生态观的传统哲学指导。此外传统营造法式也受到关注与学习，重在培养学生的本土意识及人文素养，当然最重要的还是以"中学为体"、"西学为用"，以及"传统出新"的能力。

3. 重视动手与实践能力。这主要体现在园林考察、测绘、毕业考察；保持手绘传统优势，鼓励设计课以手绘表现，三年级下以前不得使用电脑绘图，重在训练基本的手头表达能力，也就是"手、眼、心"并用过程中的智能训练；还有就是近年来逐渐增加的动手实验与制作，包括方

作者——中国美术学院建筑学院：王澍，图片摄影——江滨

案初期的场地模型、建筑概念与表现模型、景观模型、家具制作、构造设计等。

当代环境设计的重点是在科学技术的基础上追求艺术与技术的结合。作为建筑设计延续的环境艺术设计，是技术与艺术的综合体。一方面，环境艺术设计受到结构、材料、工艺、功能等条件的限制，所以，实施环境艺术设计的技术本身即包含了科学性在里面；另一方面，它作为人类意识表达的载体，需要满足以情感和想象为依托的精神活动需求。因此，艺术作为人类以审美意识形态为特征的把握世界的一种特殊方式，在环境艺术设计中起到十分重要的作用。环境艺术设计既是一门技术科学，同时又是一门艺术，两者是密不可分的。艺术学培养学生的审美能力、造型能力和创新思维能力，而科学则使学生获得工程技术方面的知识和技能，在环境艺术设计中，工程技术是艺术造型成分得以实现的基础。

在当今设计教育提倡"跨学科、多技能与全视界"的素质教育的大环境下，结合中国美术学院2004年本科教学评估的契机，环境艺术系于2004年6月对原有的教学计划进行梳理及修订，提出了"以建筑为母体，向室内、外衍生，拓展为建筑设计、景观设计和室内设计三条教学主线"的教学理念，并拟在三年级下学期进行分三个专业方向教学。三个专业方向分别为风景建筑设计专业、景观设计专业及室内设计专业方向。分流以前以建筑基础理论及建筑专业设计为主，为三个专业方向的学生打下共同的坚实且必要的基础，以保持建筑、室内、景观三位一体的板块结构思路，符合设计教育"厚基础，宽口径"的精神。而分流以后，各个专业方向的针对性将更加突出，其目的在于尊重学生个人志向，提高学生对择业的适应性，毕业后亦能更快适应工作需要。

另外，在全国性乃至国际性室内设计大赛中，多位学生作品获大赛奖项；2005年由王国梁老师主持《环境艺术设计初步改革教程》精品课程荣获全国教学成果二等奖，雄厚的师资与多年的教学积累都为环境艺术设计专业的设置打下了良好的基础。

综上所述，中国美术学院环境设计系经过20多年的努力，依靠相对雄厚的师资力量，建立起完备的教学体系。无论就办学的大环境，办

第1章 环艺设计教学体系的历史及现状（纵向回顾）

学的客观必要性而论，还是就本专业建设教学软硬件状况和办学实力而言，都为具有中国美院特色的环境艺术设计学科发展奠定了坚实的基础。

从中国美术学院环境艺术设计系的发展历史来看，即从1984年中国美术学院"室内设计专业"成立以来，它的环境艺术设计教育走过的是一条从单纯注重室内设计开始逐步发展到将"建筑、景观、室内"作为一个整体的三条互动的教学主线，强调跨学科，整体性的教学，并提出了"以建筑为母体，向室内、外衍生，拓展为建筑设计、景观设计和室内设计三条教学主线"的教学理念。

作者——中国美术学院建筑学院：王澍，图片摄影——江滨

随着建筑专业另外单独设系，以及后来的建筑学院的成立，中国美院环境艺术设计系事实上已无法再将建筑设计作为自己的一个主要教学方向。它的关注对象也只能从早期的单纯关注室内，过渡到现在以建筑为母体，向室内、室外发展的过程，即向室内设计和景观设计方向发展。

中国美术学院环境艺术设计系相对于其他艺术院校的环境艺术设计系而言，在教学方面一直贯彻：以建筑为本，以建筑为母体，不断向其外延扩展设计艺术的教育领域。在充分重视、解决有关技术问题的同时，注意培养学生空间艺术的形象构思与表现能力。根据学院的"十一五"发展规划和环境艺术教学定位，它更强调空间以及人在空间中使用的关系而非仅是表象的装饰，是对工程技术、工艺、建筑本质、生活方式、视觉艺术等方面进行整合的工程设计。

1.2.5 同济大学环境设计专业发展概况

同济大学建筑系自 20 世纪 50 年代开始从事室内设计研究，研究领域涉及民用建筑及车船、飞机的内舱设计。1987 年成立了室内设计专业，成为中国大陆最早在工科类高校中设立的室内设计专业，为国家培养了一批从事室内设计创作和研究的高级人才。

同济大学于 1987 年在建筑系内设立室内设计专业（同时进行该项工作的还有重庆建筑工程学院），开始招收理工科背景的本科生。当时采取的是 2+2 四年制的教学形式，即：两年建筑学课程，加上两年室内设计课程。但仅仅是招收了一届，以后便没有再招生，原因是当时以建筑学专业招进的学生不愿改学室内设计，后来毕业的学生也大部分回到建筑设计的行列。后来学院只是在建筑学专业里面设立了一些室内设计课程，不再单独设立室内设计专业。直到 2009 年再次计划从高考中招收室内设计专业的本科生，采取 3+2 的培养模式，即：三年建筑学课程，加上两年室内设计课程（含一年实习）。计划招收 10 名理工科背景的考生、3 名艺术设计类考生，再接收 3 名转专业的校内学生，这样做的目的在于强调多元化及交叉学科发展。旨在培养适应国家建设和社会发展需要，基础扎实、知识面广、综合素质高，具备建筑师和室内设计师职业素养，并富于创新精神的国际化高级专门人才及专业领导者。毕业生能够从事建筑设计、室内设计及室外环境设计工作，也可从事相关专业领域的理论研究、教学和管理工作。他们毕业后将获建筑学学士学位。

专业领域的课程包括：室内设计理论课程系列、室内设计课程系列、建筑设计理论课程系列、建筑设计课程系列、技术课程系列、美术课程系列六部分。形成了源于建筑学专业的教学传统，又具有自身特点、与国际接轨的专业方向特色。

同济大学建筑系室内设计专业的师生，先后承担了人民大会堂上海厅、上海地铁站的室内设计工作；还编写了一部分有全国影响的环境艺术设计教材，如：《室内设计原理》、《环境空间设计》、《人体工程学与环境行为学》、《设计程序与方法》等。同济大学工科背景的室内设计专业的办学理念：强调以建筑设计为依托，强调工程技术能力的培养，强调高层次，着眼于大项目以及在技术平台上的艺术创作。同时，该专业的结构设置，也是为了方便学生在建筑设计与室内设计之间实现宽口径就业。①

纵观同济大学工科背景的室内设计专业发展，可以用"坎坷"二字来形容。综合大学办学严谨，教育部学科目录上面没有的专业名称不能单独设系。但是，室内设计专业兴办20多年来才真正毕业了一届学生（2009年的新生刚刚进校），该专业在该院的生存发展状态由此可见一斑。由于长期以来没有实现连续的招生，其教学成果的积累和相关科研成果的积累都略显不足，其教学特色的效果显现和完整教学体系的建立及逐步完善尚需时日。

同济大学另一条线是设于艺术设计系的环境艺术设计专业，属于艺术设计学学科。艺术设计系设于同济大学建筑与城市规划学院，1986年开始本科招生，1993年正式成立工业设计系，2000年增设艺术设计专业，同年正式更名为艺术设计系。

艺术设计系下设工业设计和艺术设计两个专业。工业设计专业授予工学学士学位；艺术设计专业分环境艺术设计、视觉传达设计、数字媒体设计三个方向，授予文学学士学位。1993年开始招收建筑设计与理论专业工业设计方向硕士研究生，2001年设立设计艺术学硕士点，2002年开始挂在建筑历史与理论专业下招收设计艺术学方向博士研究生。艺术设计系的各专业方向之间，以及同建筑学、城市规划、景观学系之间，在学院的平台上实现资源共享，充分交叉。

艺术设计系主编的设计刊物《大设计》，每逢双月8日出版，在设

---

① 根据采访同济大学公共建筑与室内外环境设计学科组副主任、博士生导师，陈易教授录音整理。目前该院的工科背景室内设计专业属于该公共建筑与室内外环境设计学科组管辖。

计界具有一定影响。2007年,艺术设计系约有536名学生(396名本科生,140名研究生,含12名博士研究生)。

据悉,同济大学目前已经在原来设计艺术系基础上建立"艺术设计与创意学院"。将在现有设计系基础上建立院级单位,其中设环境艺术设计系,也许这是一个新的开端。

第 2 章 环艺设计教学体系的比较（横向比较）

2.1 美国的室内设计及景观设计教育现状及评析

在这里，首先要解释中国的"环境艺术设计"专业名称所包含的内容，在不同国家有不同称谓及不同内涵的问题。或者换一个角度说，中国的"环境艺术设计"这个称谓在欧美国家基本上找不到完全对应的专业解释和翻译，即使擦点边，也和国内"环境艺术设计"的内涵不完全一样。多年前，笔者已经注意到了这个问题。经互联网检索，例如：美国加州大学伯克利分校（University of California, Berkeley）有一个专业，有对应的"环境"这个词，Landscape Architecture & Environmental Planning，院名全称是：Faculty of the Department of Landscape Architecture & Environmental Planning[1]，翻译成："景观建筑与环境规划学院"，查阅院系专业介绍之后，发现它是实际上就是对应国内"景观设计"的系科[2]，其内涵只是"环境艺术"的一部分。再以澳大利亚新南威尔士大学（The University of New South Wales[3]）为例，里面有一个相关的院系，Faculty of the Built Environment[4] 有对应的"环境"这个词，翻译成："环境营造学院"。但是这个院系的介绍表明，这是一个包含 7 个系科的学院，"Planning（规划）"，"Architectural Studies（建筑研究）"，"Landscape Architecture（景观建筑）"，"Interior Architecture（室内建筑）"，"Construction Management and Property（建筑物业管理）"，"Architectural Computing（建筑计算）"，"Industrial Design"（工业设计）[5]。所以，像"室内建筑设计"或"景观建筑设计"专业在欧美国家的设计学院或综合大学里就是一个独立的系，和其他不同的系科构成设计学院的框架，"景观"就是"景观"，"室内"就是"室内"，不混在一起的，没有和中国的"环境艺术设计专

---

[1] http://laep.ced.berkeley.edu/
[2] http://laep.ced.berkeley.edu/about/webelieve
[3] http://www.unsw.edu.au/
[4] http://www.fbe.unsw.edu.au/
[5] http://www.fbe.unsw.edu.au/

业"完全相匹配的专业内涵和名称。所以，在这里，中国的"环境艺术设计专业"和欧美的相对应专业进行横向比较，就只能是和他们的"室内建筑"（Interior Architecture）设计专业或"景观建筑"（Landscape Architecture）设计专业进行比较。

现代设计教育在世界上的发展是极为不平衡的，并且在同等经济水平的国家中也大相径庭，并没有一个国际标准和统一的体系。现代设计教育是随着经济发展而成长起来的，在一般的情况之下反映了一个国家经济发展的水平，现代设计教育与工业化过程同时发展，因此，现代设计教育都是在工业化程度最高、经济发展得比较快的国家产生的。但是，由于社会情况和经济发展的不同，欧美之间在设计教育的发展上呈现了很不同的情况。

设计教育在美国的发展经历与欧洲国家有所不同，其主要原因是，欧洲的设计教育是社会变革的结果，而在美国则比较主要的是商业发展和经济成长的结果。美国开始形成两个不同的设计教育体系：欧洲体系和美国体系。欧洲体系重视观念，重视解决问题的方法，目标比较集中地在设计的社会效应上；而美国体系则注重表达效果、风格和形式，目标比较集中地在设计的市场效应上。这两个体系在美国并非完全区别开来，而是互相渗透，但是在不同的学校之中有不同的侧重。

美国是世界上最大的经济实体之一，工农业和第三产业都高度发达，设计自然具有举足轻重的地位，因此设计教育也相对发达。美国现代设计教育发展的特点是面宽而且专业分工细，艺术和设计教育是一个非常庞大的教育体系。美国的高等院校中的设计专业基本包括了设计教育的所有科目，从比较传统的建筑设计、工业产品设计、平面设计、包装设计、插图设计、广告设计、商业摄影、影视（电影），到比较细致分划的景观设计、室内设计、交通工具设计、娱乐设计、多媒体设计、服装设计等，无所不包，是世界上设计教育体系比较完整的国家。研究借鉴美国的景观及室内设计教育，对于我国的景观及室内设计教育发展有积极意义。

2.1.1 美国室内设计教育的发展

20世纪初,美国已有大学开设室内设计相关课程,当时的名称是室内装潢课程。这些早期室内设计课程均开设在私立的小型学校中,有案可查的第一个有大学室内设计课程的是"纽约美术与实用艺术学校"(New York School of Fine and Applied Art)。直到20年代中期,一些综合性大学,如西雅图的华盛顿大学(University of Washington, Seattle)开始开设室内设计专业。随着美国的本科和研究生教育的高速发展,室内设计专业成为许多综合性大学的常见专业。1957年美国成立了室内设计师学会,标志着室内设计作为一门相对独立的学科基本形成。到80年代末,大约有450个室内设计的专业和学科设在美国和加拿大的不同学校里。

2.1.2 美国有关院校室内设计课程设置分析

例1 美国罗德岛设计学院

美国罗得岛设计学院图书馆

1. 学院概况

创建于1877年的罗德岛设计学院（Rhode Island School of Design，简称RISD），是一所由民间实业家投资成立的私立艺术学院，位于美国罗德岛州（Rhode Island）的首府普罗维登斯市（Providence）。主要热门的专业科目为：建筑（Architecture）、平面设计（Graphic Design）、插画（Illustration）等，建筑系、摄影系、平面设计以及工业设计更是十分著名，为顶尖科系，是一所评价极高的艺术学院。与耶鲁大学并列全美艺术学院硕士课程排名第一，与新墨西哥大学并列全美摄影科系排名第二。

罗德岛设计学院提供19个系所让学生们选择适合自己的专业去攻读，入学后第一年的基础课程里，学校会要求学生选修设计课程，像平面设计、立体设计、素描、手绘等。罗德岛设计学院另一个比较著名的是它的冬季6个月课程Winter Sessions（a 6-week period between the Fall and Spring terms），这个课程是以多元性著称，而这个课程对申请到罗德岛设计学院的学生是十分重要的，因为学生可以在此课程中学习到各项关于艺术方面的基础课程，例如绘画、工业设计、铜塑、吹玻璃等其他课程，不同的系也可以相互选择课程选修。冬季班并且也提供到海外学习的机会，可以让参与此课程的学生到法国巴黎、意大利Matera和英国爱丁堡等地学习观摩。

罗德岛设计学院是以文化为出发点形成一个艺术与设计范畴的共同体，透过经验与想法的交换，将分置在19个系所的两千多名学生，紧密结合在一起。在第一年的基础课程中，学生必须接受广泛的设计课，从徒手绘图、平面设计到立体设计，其过程让学生了解动手操作和实验精神的可贵。

2. 室内设计教学

罗德岛设计学院知名的室内设计系（Department of Interior Architecture）要求学生要接受艺术和理论培养。选择一个文理科班级、主修课程或者是选修课程都取决于开课班级的需求程度和班级接纳学生

第 2 章 环艺设计教学体系的比较（横向比较）

美国罗得岛设计学院教授在讨论学生设计方案

数量的限定额。学生可以在冬季学期根据兴趣和条件允许来选择要修的课程。非专业选修课程可以在冬季、秋季或春季学期被那个学期的艺术课程所代替。学生进入室内设计系后一定要按照系所部门所指定的关于电脑教学的要求和政策，要购买手提电脑，其他相关硬件、软件、升级系统和保险。通常来说，通过 5 年的学习，学生可以同时获得艺术学士 BFA 和 BIA。只想要获得 BFA 的学生将会采用 BIA 前 4 年教学计划的修正版。42 学分的艺术学位要求必须在第四学年结束之前获得，这样才能获取 BFA 学历。BFA 总学分为 126，BIA 总学分为 156。本科生必须满足 42 学分的专业要求才能够获得 BFA 或者 BIA 学位。

罗德岛室内设计本科课程

	专业课程	秋季(周)	冬季(周)	春季(周)	学分
一年级	艺术基础课程	15	—	15	17
	冬季学期	—	3	—	3
	总计	15	3	15	20
二年级	室内设计概论	6	—	—	2
	室内设计方法	3	—	—	3
	专业制图和透视	3	—	—	3
	室内设计史1	3	—	—	3
	工作室课程1	—	—	6	4
	建筑材料学	—	—	3	3
	选修课	—	—	3	3
	室内设计史2	—	—	3	3
	冬季学期	—	3	—	3
	总计	15	3	15	27
三年级	工作室课程2	6	—	—	4
	照明设计	3	—	—	3
	室内构造	3	—	—	3
	选修课	3	—	6	3
	高级设计工作室	—	—	6	5
	室内色彩研究	—	—	3	3
	冬季学期	—	3	—	3
	总计	15	3	15	24
四年级	高级设计工作室	6	—	6	5
	细部设计	3	—	—	3
	人体工程学	3	—	—	3
	行为心理学	—	—	3	3
	选修课	3	—	6	3
	冬季学期	—	3	—	3
	总计	15	3	15	20
五年级	高级设计工作室	6	—	—	5
	毕业设计选题报告	3	—	—	3
	毕业设计	—	—	9	7
	选修课	6	—	3	3
	室内设计规范	—	—	3	3
	冬季学期	—	3	—	3
	总计	15	3	15	24

根据以上的课程设置可以归纳出罗德岛设计学院的室内设计教学拥有两种独立思维却又能互补的特质，第一，延伸务实化逻辑成为设计过程的重心；第二，运用经验去建立理论架构，此多元化架构下的室内设

美国罗德岛设计学院学生讲述自己的设计方案

计教育允许学生去发展自己的兴趣，能作更进一步的探索。室内设计工作室课程（Interior Architecture Studios）在 RISD 是有连续性，逐步让学生发展自己的兴趣。在第二年的第一学期，学习重心开始从绘画、平面设计等转移到室内设计，学校开始介绍有关室内设计的"抽象"或"概念"等问题。经过特定协调设计的课程促使学生直接去解决问题。这些课程都是为了让学生了解人的尺度在室内建筑中的重要性。构造（Tectonics）和材质（Materiality）一直是使人对罗德岛设计学院室内设计教学有强烈兴趣的部分。

　　RISD 的室内设计有"理论教学"和"工作室教学"相结合的教学模式。设计构思和设计表现，以及如何把概念层面的设计表现为现实设计的技术层面问题都在工作室教学中逐一解决。RISD 采用"行为引导

型教学法",在这里教师是学习过程中问题的提出者,学习效果的评价者,而非标准答案的给予者。教师的角色类似于节目主持人,也可以是节目的参与者,起到咨询和引导的作用。这种"师生间双向互动、表达多元化互动"的教学方式调动了学生的自我表达和创新能力,对培养学生的专业能力、学习方法和社会实践能力具有重要意义。

例如建筑材料研究课程。这个课程介绍学生认识不同的建筑室内材料,它们的价值和特性。通过一系列实物大小的建筑项目,学生被要求在设计内部构造时研究这些材料的潜能。

例如他们的建筑构造课程。这个课程帮助室内设计学生更准确理解现有建筑物结构变更的准则,对结构概念的牢固掌握将会有助于在任何三度空间的建筑区域中加强设计的创造力。这门课程通过制作实验模型和原型着手进行一系列对结构概念的"亲自参与"研究。除此之外,将有机会通过被建造的环境中一些成功的结构例子作为个案研究。

特别要提的是RISD室内设计系为毕业设计作准备设置的一系列课

美国罗德岛设计学院学生设计作业讲评

程都非常科学、合理,值得我们学习。室内设计系的学位计划被构思成三部分,次序从"调查研究内在性质"开始,安排在本科生和研究生倒数第2年的春季学期。这个学期将帮助学生确定合适的学位计划,要求在这个必备的课程期间建立一定深度的理论研究。这个讨论将会涉及重要的先前课程案例,学生可以在早期的课程案例中选定。学生将被要求递交对他们自己的自我选择学位计划的建议,通过小组讨论和个人访问,提议的概要将大致上被认可。要求每一位学生准备一份学位计划的可行性报告,这项计划将会在下个春季学期期间展开。递交的完整可行性报告将在秋季学期末被评估。

RISD室内设计系还设置了"职务准备"课程。作为一种方法在学生毕业那年准备为他们的职务去会见潜在的雇主和为进入专业设计人员领域作准备。这个课程将对已经完成的设计工作的表达有帮助。职务准备是培养即将毕业的设计人员素养的一个必要方面,是早期工作室教学扩展到社会设计工作关键的衔接。

例2　美国芝加哥艺术学院

芝加哥艺术学院(School of The Art Institute of Chicago,简称SAIC)成立于1866年,是当时艺术学院教育方式的改革者,是美国声望最高、评价最高的艺术学院之一,在国际上享有盛誉。2005年与罗德岛设计学院并列排名全美艺术院校综合第一。

1. 学院概况

20世纪30年代末,由于法西斯上台,现代主义在欧洲遭到扼杀,大批现代主义大师移居美国,德国现代主义艺术教育的中心——包豪斯艺术学院的主要教员和大批学生都来到美国,他们不但带来了现代主义的思想,同时也带来了现代主义的艺术和设计教学新体系。美国的不少美术学院开始设置新课,对于传统的素描、静物、人体教学也进行了改革。其中最彻底的例子就是芝加哥艺术学院,SAIC由包豪斯的中坚人物拉兹洛·英霍利·纳吉建成,学院全面贯彻包豪斯体系,完全改变了芝加哥艺术学院以往艺术教育的方式。

由此看来，不管是被动还是主动，一个教学体系只有不断接受新的东西，并对旧的东西进行改造，才能保持不断向前的活力。这就是本文核心研究的价值。

芝加哥艺术学院的校风自由，来此就读的学生，并不会被要求限定主修什么科目而是提供学生在视觉、艺术方面的完善教学。芝加哥艺术学院相信，成为艺术家前，如何看待这个世界是一个重点，因此视觉是十分重要的。SAIC的教授水准都在一定的标准之上，他们注重学生的思考、创造性，用非常专业的教学方法去引导、启发和促进学生的概念及技术。芝加哥艺术学院相信艺术家的成功，是依赖创造性的视觉和专业技术技能。因此SAIC鼓励学生批判性的调查研究和实验，以增进学生在技能、概念上的进步。

美国罗德岛设计学院教授讲解室外项目作业要求

2. 室内设计教学

芝加哥艺术学院室内设计系探究人体、物体和空间之间的联系，是在公共领域发展民族特有的意象与艺术试验（创新）相结合的工作。在当今世界，设计师的理念慢慢转变，从侧重整个居住环境向可持续发展生存空间的艺术角度转变。在SAIC，学生将逐步展开创造性的设计战略，这个设计战略将涵盖个人、地域、公共，甚至对全球环境的参与。

美国罗得岛设计学院学生在老师指导下上室外项目课程

室内设计学位课程共有六个标准（1000 Level ~ 6000 Level Interior Architecture Course）。学分制共有4个等级：45分为A，30 ~ 44分为B，15 ~ 29分为C，15分为D。1000 ~ 4000 Level是为本科学生设置，1000 ~ 2000 Level属于引导课程，初期学生（ACE）不需要任何先决条件就可以选修。3000 ~ 4000 Level 课程分别是中级和高级的专业课程，ACE不允许任意选修，参加这两个课程必须具备先决条件或者通过教授批准。5000 ~ 6000 Level是为被录取的研究生MFA保留的，参与研究生课程需要教授和大学部教学主任的签字批准。ACE学生不能参加毕业设计，也不能参加为研究生保留的课程。ACE学生要想获得艺术学士BFA或者BIA，必须在5年内修满42学分才有可能进入毕业学位设计。

芝加哥艺术学院室内设计专业课程

1000 段室内设计课程种类		2000 段室内设计课程种类	
课程	学分	课程	学分
室内设计入门	3	室内设计导论1	3
视觉构思	3	室内设计导论2	3
设计制图	3	灯光设计（跨学科）	3
3000 段室内设计课程种类		透视图	3
室内设计：主题工作室	4.5	材料设计（跨学科）	3
中级室内设计2	4.5	计算机制图	3
芝加哥建筑分析（选修）	3	设计表达（跨学科）	3
室内设计夏季工作室	3	建筑构造（跨学科）	3
时尚和建筑，包裹我们（跨学科）	3	行为心理学（跨学科）	3
空间动画（跨学科）	3	空间创意（跨学科）	4.5
舞台布景设计	3	案例实验室：室内空间特性	1.5
交互空间（跨学科）	3	实验室：设计中的人因工程学	1.5
职业实践知识	3	环境科学（跨学科）	3
伦理意象（跨学科）	3	设计，写作，研究（跨学科）	3
案例研究实验室	1.5	建筑理论	3
4000 段室内设计课程种类		绿色材料（跨学科）	3
独立研究：室内设计	3	**5000 段室内设计课程种类**	
高级室内设计1	4.5	毕业研讨会	3
高级室内设计2	4.5	毕业多媒体和模型制作	4.5
当代建筑和设计发展（跨学科）	3	从物质到虚拟	3
建筑古典文化（选修）	1.5	**6000 段室内设计课程种类**	
细节设计	3	毕业设计1	6
机械主义观点和应用	3	毕业论文2	6
虚拟空间模型	3		
光在建筑中的运用	3		
20世纪建筑理论（跨学科）	3		
时尚和建筑：流动的界面（跨学科）	3		
持续性设计（跨学科）	3		
实验室：职业实践	3		
良好环境实验室	1.5		

根据以上的课程设置表格可以看得出芝加哥艺术学院独特的课程设计和教学方式：

　　a. 室内设计专业学生可以跨越传统学科的界线，探索新领域的设计活动。新的设计探索学科包括：生态设计、设计伦理意象、用户中心化设计、交互界面设计、新兴科技设计、新材料的设计和使用。SAIC 独特的课程设计，使学生能够把对传统艺术和传媒艺术（像动画、雕塑、电影等）与主要的设计专业课程相结合。

　　b. 室内设计师和建筑师意识到：对人类居住环境和生活体验的学习，是一个长久的过程，至关重要的是，我们要在我们现有的生活方式中取得一个新的平衡。那些对再度思考建造居住和环境融合感兴趣的学生，可以探索关于材料和可持续发展为目标的建造工程。SAIC 工作室课程将帮助学生重新定义"新居住环境"的概念，它将与生物生态学的科技和文化传承体系相结合。学生会在自然与人工、全球发展体系和在公共空间工作的价值观意象中找到一个折中融合的平衡点。

　　c. 新领域的物体设计学习侧重于对系统、工具、家具和产品进行创造性的再度思考，这些设计将与我们每天的生活息息相关。SAIC 将探索这些物体是怎么拓展或是阻碍人类潜力的发挥。例如光在建筑中的运用（Light in Conjunction）课程让学生了解，好的采光设计可以增加人的工作效率等；这些探索将采用可靠的新的科技、材料和生产工艺，取得一个平衡点。对生态建筑和可持续发展（从长远的角度来考虑）的关注，会为我们提供一个新的视角来看我们是怎样生活、学习、交流还有娱乐的。

　　d. 设计工作室（实战课程）将采用 3 个核心的方式。这些实验室课程将密切关注当今的文化和社会的现状，由实验室课程、研讨交流会和研究课程所组成。这种独一无二的将设计、科技、材料、理论、历史和视觉化的结合理念，将拓宽学生的认知、理解和能力，最终用设计满足人类的需要和愿望。芝加哥是一个活生生的现代艺术、建筑和设计的实验地（博物馆）。这个城市还是建筑交流布道和成功的城市家具设计社区的中心地带。在芝加哥建筑分析（Sketching Chicago

Architecture）课程中要求学生对芝加哥具有划时代意义的建筑进行实地考察和分析研究。对19～20世纪芝加哥建筑的外部构造和内部空间描绘过程中，学生能在训练中熟练掌握技能。教师每天还展开演讲和对学生作业进行评价。中午冥思和讨论课程，将把学生、员工、知名设计师、建筑师聚在一起，探讨现有的设计实践，刺激创意灵感。

通过介绍与对比国内和国外室内设计教学的课程设置和教学方式等问题，我们可以得出以下几点结论：

a. 室内设计的主干课程，如室内设计史、设计制图、人体工程学、室内设计、室内灯光、室内设备与材料和室内构造等，不管国内还是国外，凡开设室内设计专业的院校都很重视这些主干课程，它们是室内设计教育中最重要和必须开设的课程。同时，室内设计教育的造型基础课程如设计素描、设计色彩、专业绘画、造型原理等作为室内设计的基础课程是不可缺少的。它们的开设有利于学生艺术修养和造型能力的提高，是通向专业设计技能的必经桥梁。造型基础课程以训练设计师的形态——空间认识能力与表现能力为核心，为培养设计师的设计意识、设计思维，乃至设计表达与设计创造能力奠定基础，也为后续的室内设计的学习打下坚实的基础。

同时在对表格的统计分析中，我们发现构成方面的教学还存在一定的不足。构成的教学一般来说应该包括三大部分的内容：平面构成、色彩构成和立体构成，大部分院校都开设了平面构成和色彩构成方面的内容，但是对立体构成的教学还不够重视，没有把其列入基本的教学科目中去。立体构成的学习对于学生空间想象能力的培养有很大的帮助，通过建立抽象形态与有目的的构成设计之间的联系，并且在实际的设计实践中加以灵活运用，能够大幅度地提高学生设计造型能力和动手能力，为将来的室内空间构造和模型制作课程打下基础。三构成源于包豪斯的设计基础教学实践，它通过一系列数学化结构的几何形态，并施以标准化色彩，按照各种不同的组合构成方法，创造出各种非自然的形态造型，这些造型有的可直接用于设计中，有的可启发产生其他新的造型。

　　三构成是设计造型的基础技能，它不仅提供设计师以设计造型手段和造型选择的机会，而且培养训练设计师在平面、色彩和三维方面的逻辑思维与形象思维能力。尚在研究的光构成、动构成与综合构成，有益于拓展新的设计造型语言与手段，开拓设计的新境界。

　　b. 开展室内设计理论教学的同时，还应该注重学生的动手能力、实践能力的培养。学校要增设实践性教学环节，增加课程设计，参观实习等方面课程设置的内容，可以定期组织学生参观家具厂、设计公司、建筑工地或者进行室内设计施工实例的考察分析。为学生提供一个实践的场所和基地，使学生能够直接面对社会、面对市场，很好地将课堂所学的理论知识迅速运用到实践中去，在实践中检验并提高。

　　室内设计的工作性质决定了室内设计师职业修养的内容，美国罗德岛设计学院和芝加哥艺术学院设立的职业实践知识和工程管理课程，就是关注技术知识积累的同时，自身的职业修养也不容忽视。

　　学校还应该定期开设室内设计讲座，请专家、学者来学校讲学，尤其应该学习国外高校的方式聘请社会实践第一线的成功人士来校讲座，为高校的教学工作注入新的设计理念。这里所指的成功人士包括：设计相关公司（如广告、印刷、装饰、包装、建筑、室内、景观、服装等）的设计总监、策划总监、总经理等；还有工商界、企业界、政府机关负责人。通过定期举办讲座，使学生获得许多学校课堂学不到的实践知识。例如：工艺流程、市场调研、营销策划、客户沟通、协调组织、成本分析，以及一定的管理方面的经验，为学生今后走上社会打下稳固的实践基础。

　　c. 随着多媒体技术的发展，室内设计教学都已经相继开设了计算机辅助设计课程，包括工程制图（AUTO-CAD）和效果图绘制（3DS-MAX，PHOTOSHOP）等，这是形势发展的需要。因为设计本身是一个抽象的过程，转换为图纸后就能更加直观地把设计者的思想、理念表达给我们的客户；可以将设计准确无误、全面充分地表现出来，是施工的依据，便于施工人员严格精确地按照设计进行操作；同时又是设计师与工程师和其他技术人员的通用语言,对于他们加强沟通与合作、完善设计有积极的作用。电脑效果图形象逼真、一目了然,可以将设计对象的形态、色彩、肌理及质感的效果充分展现,使人如有见实物之感,是顾客调查、管理层决策参考的最有效手段之一。所以,学校有必要开设一定的计算机辅助设计类课程,但是也要注意控制计算机教学的总课时数,避免由于加大计算机教学的比重而影响到专业理论的课时数,走向另一个误区。重技能、轻理论的后果就会导致所培养的学生毕业后缺乏作为一名合格的室内设计师所应具备的基本专业素养和能力,而只能成为操作电脑软件的所谓"绘图员"。计算机永远只是做设计的一个工具,它并不能代替学生设计思维和造型能力的培养。效果图表现的只是预想的效果,而不是现有的实物,需要培养学生充分发挥其造型能力和空间想象能力,同时充分利用电脑技术的各种先进效果。因此,室内设计院校除了公共基础课中的计算机基础知识教学外,计算机辅助设计课程设置48学时,每门课程2个学分,就已经能够满足室内设计教学的需要了。

d. 通过国内和国外的室内设计教学课程的比较,会发现我国的室内设计教育一直忽视了对学生的一个方面能力的培养,这就是形象化思考(Visual Thinking)。这个词比较确切的英文释义是:以形象来辅助思考,以形象来进行思考。因为室内设计要解决的是三维空间的艺术创作,在进行设计创作的时候,脑、眼、手、像是循环和相互作用的,头脑中关于设计的一个初步的想法由手勾勒出来,勾画出的形象通过眼睛的观察、评价反馈回大脑,激发更深入的想法和构思。所以,形象化思考相关课程结合了学生形象视觉能力、想象创造能力、绘图能力三方面能力的综合培养。

形象化思考,在国外大部分室内设计院校都有开设,课程叫法有所不同,大致为 Visual Thinking、Visual Communication and Expression、Design Expression、Interior Design Thinking,但指的都是同一类的培养内容。例如,芝加哥艺术学院的视觉构思(Design

Visualization）课程，是为室内设计入门课程作准备的。要求学生制作四维（以时间为基础）的录像机覆盖图、时间变更和色彩强调技术，以及结合电脑运用的三维立体模型的制造，最后用二维的形式将四维和三维的作品进行编排。这个课程训练学生的形象化思维，培养学生能更有效地表达四维、三维和二维的形象化思维能力。

鉴于我国的室内设计专业学生缺乏这方面课程的基础训练，形象表达能力、视觉上的鉴赏判断力发展都受到制约，因此，开设上述这类课程对我国的室内设计教育是十分必要的。

e. 另外，通过比较会发现我国环境艺术设计教学多年来重视艺术表现，轻视专业理论、技能操作和专业实践，基础课与专业课不衔接，专业课与社会所需的专业不衔接，缺少实际的项目课程。虽有虚拟的项目设计，但大多不注重市场化、商业化和工业技术的要求和规律，学校所学知识与社会的应用专业脱离较远。而国外的设计工作室课程（Studio，Lab）密切关注当今的文化和社会的现状，由实验室课程、研讨交流会和研究课程所组成。这种将设计、科技、材料、理论、历史和视觉化的结合理念，将拓宽学生的认知、理解和能力。我们要与国际模式接轨，转换传统的单向教学模式，学习这种"双向互动、多元互动"的教学模式，实现知识的共享和交融。采用"行为引导型教学法"，调动学生的自我表达、实验精神和创新能力。

2.1.3　美国有关院校景观规划设计专业教学体系

例　哈佛大学景观设计专业教学体系

作为设计学科三姊妹之一的景观规划设计（LA），在现代城市与环境建设中起着关键的作用。美国的景观规划设计专业教育始于哈佛大学，至今已有近100年的历史。哈佛的LA教育以其悠久与卓越造就一代又一代杰出的设计师。以下从简史和哲学、学位体系及课程体系三方面系统地介绍了哈佛LA教学体系，并讨论了其特点，希望对我国的景观规划设计专业教育事业的发展有所借鉴。

哈佛大学近100年的设计学教育史使其在国际建筑，景观规划设计(Landscape Architecture，下简称LA，LA在中国有不同的翻译，如园林、景观建筑、景园、造园、风景园林等，此处不作讨论)，城市规划等各设计领域独领风骚，领导一代又一代国际设计新潮流。作为设计领域三姊妹之一的景观规划与设计教育更是哈佛之首创，近100年的辉煌卓越，使之成为世界该领域实践与专业教育之航标灯塔。考察其教学体系，对我国方兴未艾的LA事业的发展是有重要意义的。下面将着重从三个方面介绍哈佛大学LA专业：简史与教育哲学、学位体系以及课程体系。

1. 简史与教育哲学

哈佛的LA专业史，从某种意义上说也是美国的LA史。1860～1900年，美国LA的开山祖Frederick Law Olmsted等便在城市公园绿地、广场、校园、居住区及自然保护地的规划与设计中奠定了LA学科的基础。1900年，Olmsted之子F. L. Olmsted. Jr.和A. A. Sharcliff首次在哈佛开设了全国第一门LA专业课程，并在全国首创了四年制LA专业学士学位(Bachelor of Science Degree in Landscape Architecture)，此后，便与建筑学理学学位教育(始于1895年)并行发展。美国LA之父，老Olmsted于1906开始领衔主持LA专业。1908～1909学年开始，哈佛已有了系统的LA研究生教育体系，并在应用科学研究生院中设硕士学位，即MLA (Master in Landscape Architecture)。

1909年，James Sturgis Pray教授开始在LA课程体系中加入规划课程，逐渐从LA派生出城市规划专业方向，并于1923年在全国首创城规方向的景观规划设计硕士学位(Master of Landscape Architecture in City Planning)。1929年城市规划与LA学院独立而成立城市与区域规划学院，结束了哈佛大学的建筑与LA两姊妹史，而形成了建筑——LA——城规三足鼎立的格局，并行发展至今。1936年，哈佛大学成立设计研究生院(简称GSD)。目前，全研究生院有500名左右的硕士生和极少数的博士生，没有本科生，同时培养多个层次的进修生。

在哈佛，LA 被作为一个非常广的专业领域来对待，从花园、其他小尺度的工程到大地的生态规划，包括流域规划和管理。景观规划设计师应兼有工程技术和设计学的创造能力，同时必须具有对生态环境和社会的责任心。由于人类活动的不断增强，城市的不断扩展，景观规划设计师的任务不仅是设计和创造新的景观，同时在于景观保护和拯救，为此，他们往往是造就多种和生态背景下的人居环境之不可替代的专家。

LA 的教育旨在培养学生的创造力和利用各种知识进行决策的能力。鼓励学生从先哲的作品中，从艺术、设计理论、民用工程中和场地分析中获取营养。LA 教育同时强调影响设计过程的土地规划和生态分析，研究社会、经济、法律、环境和政策等。

设计课 (Design Studio) 是学习探索的核心。授课和研究强调关键问题的分析，强调对视觉、理论、历史、专业实践活动和科学研究等方面的全面研究。LA 学生保持与建筑学和城市规划学生的紧密接触。通过综合性的设计课程，增进了解和相互学习。哈佛的其他机构包括著名的 Fogg 艺术博物馆、哈佛 Amold 植物园、哈佛森林，在首都华盛顿的 Dumbarton Oaks 园林研究中心，都为学生提供任何其他学校所没有的综合学习场所。来自世界各地的名流和专业设计师的访问和讲座，则更是学生接触最新专业动态理论的难得机会。

2. 景观规划设计专业学位体系

在哈佛设计研究生院，有志于 LA 事业的学生有机会在不同方向和多个层次上接受教育并获得相应的专业学位，包括：

（1）MLA I，即景观规划设计职业硕士学位 (Master in Landscape Architecture. Professional Degree)。这是为本科没有经过 LA 职业教育或来自其他职业领域的本科毕业生而设置的学位。目的是通过教育使他们有资格成为景观规划设计师，学制一般为 3 年；但对已有建筑学学士或硕士的学生，部分课程免修，学制为 2 年。

（2）MLA 1，即景观规划设计职业后硕士学位 (Master Landscape Architecture. Postprofessional Degree)，这是对已有职业 LA 学士学位的学生想进一步提高教育而设置的，教育以设计课为主，学制为 2 年。

（3）MLAUD，即城市设计方向的景观规划设计学硕士 (Master of Landscape Architecture in Urban Design)，这也是一个职业后硕士学位，这是为已有 LA 专业学位的学生进一步以城市景观作为研究对象，想在城市设计方向深入进修而设置的，学制一般为 2 年。

（4）MDesS，即设计学硕士 (Master in Design Studies)。这是个职业后学位，是对那些已有设计师资格规定的职业学位，一般都是有建筑学、LA 及城市规划方面的硕士学位，想进一步在某个具体方向深入研究，或作为进一步申请某个方向的博士学位而设置的。考生要求必须有足够的学术或设计工作经验。其他相近学科，如工程、地理、计算机科学、图像设计也有可能被录取攻读此学位。这一学位目前有 6 个专门化方向，包括：计算机辅助设计、历史与理论、景观规划与生态学、地产开发、技术、发展中国家的城市化。另外设独立研究方向（由学生和导师自己出题商定），学制一般为一年。

（5）DrDes，即设计学博士，它是目前设计学领域的最高学位，目的是为在建筑、LA 和城规专业领域内已掌握充分的职业技能，而想进一步在这些领域内创造独到贡献的学员而设。它与其他 Ph.D 学位不同之处在于，DrDes 是把设计学作为实践性的学科来对待，而不是学术式的研究。因而，DrDes 考生的录取必须有很强的专业实践和设计技能。同时有明确的、独到的研究方向，既要求有艺术和设计的创造能力，又要求有系统的逻辑分析能力，并能独立开展深入研究。学生要求自己立题，然后由研究生院组织设计三姐妹学科中最有实力和经验的教授组成博士委员会指导学生。该学位于 1985 年开始设立，全世界只有哈佛大学有。每年在全球范围内招收 4 ~ 6 名在各自领域里已有卓越成绩的人才入学。这是目前竞争最剧烈的专业学位之一。DrDes 更多的是强调建筑、LA 和城规的跨学科研究和实践。学位一般在 3 年左右完成。

（6）Ph.D，即 Doctor of Philosophy，由于 GSD 是一所职业性研究生院。不授予非职业性的学术性 Ph.D 学位。所以，LA 方向的 Ph.D 由哈佛文理学院授予，而导师可以由 GSD 教授组成。它主要培养 LA 和城规方向的教师及研究人员，与设计学博士方向有很大不同，对学生的职业技能要求不严，允许文理学科的硕士深造而获此学位。要求在建筑、LA 及城市规划方面的某一问题上有深入细致的研究。如对 LA 历史上某一时代的某一人物，甚至某一作品的深入研究、生态学某一方面的研究等。学位一般在 3 ~ 6 年内完成。

3. 景观规划设计专业课程体系

总的来讲，与其他设计专业一样，LA 专业课程可分为三类：

（1）设计课（Studio）。这类课着重设计技能培养，广泛涉及与景观规划设计相关领域的技术与知识。

（2）讲课与研讨会(Lectures and Seminars)，讲授与探讨 LA 的历史、理论及方法论。

（3）独立研究(Indvidual Study)，在掌握了 LA 基本理论与方法论的基础上，开展某一方向的专门性研究，由导师指导。基本上独立完成研究，写论文。

在这三类课程中，又分别分为三个等级层次的教育。由浅入深。

初级：这一层次上的教育以引导学生进入 LA 专业为目的。在这一层次上，哈佛其他学院在读本科生或硕士生可以选修。

中级：涉及 LA 专业的核心内容。

高级：常有独立研究性的内容，为硕士阶段的独立研究和博士开设。

从课程的选修方式上，又分为必选课（Required），限选课（Distributional Electives)和任选课(Free Electives)，课程内容上分为技能课、视觉研究课、历史理论课、社会经济课、科学技术课，每一学位的学习都对各类课程的选修比例有严格规定。下面是两个 LA 硕士学位课程选修要求。

MLA 1 的课程体系（据 1995 年材料）

LA 设计课周末答辩

学生需有 120 个学分后才有资格获得 MLA1 学位，其课程要求如下：

		学分	
要求		48	设计课以培养设计技能
		42	专业必修课
		12	三个方面的限修课：历史、社会经济、自然系统
		18	任选课以提供专门研究的机会
第一学期		（初级）	景观设计（设计课）
		（初级）	景观绘画（视觉研究）
		（初级）	现代园林和公共景观史：1800 年至今
		（初级）	景观技术基础
	2	（中级）	植物配置基础
第二学期		（初级）	景观设计（设计课）
		（初级）	景观设计理论
		（初级）	景观技术
		（中级）	植物配置基础
	4	（限选）	自然系统课程（见附表）
			或（初级）场地生态学
第三学期		（中级）	景观规划与设计（设计课）
	4	（初级）	计算机辅助设计
	4	（中级）	景观规划理论和方法
	4		限选课
第四学期		（中级）	景观规划与设计（设计课）
		（中级）	景观技术
		（中级）	植物配置
	4		任选课
第五学期		（高级）	自选设计课
	4	（中级）	设计行业管理（专业管理选修课之一）
	2	（限选）	科学技术课
	6		任选课
第六学期		（高级）	自选设计课
	4	（中级）	设计法规（专业管理选修课之二）
			任选课
		（高级）	独立 MLA 论文研究
	4	（中级）	设计法规（专业管理选修课之二）
	4		任选课

注：自选设计课（Studio Option），学生在完成基本的设计课学习之后有资格自选不同主题的设计课，内容往往与建筑学和城规专业相交叉，除了一些本院教师开设的主题相对固定的设计课外，每学期都请多名校外职业设计师开设主题多样的设计课。教师首先向全院学生介绍设计课的内容，学生可根据自己的兴趣选择，然后抽签决定组合。

MLA1 的学生如果原有建筑学学士（BArch）、建筑学硕士（MArch）或同等学历，则只需完成以下 80 个学分即可有资格获取 LA 的硕士学位。

		学分
要求		设计课，以培养设计技能
		专业必修课
		限修课，限于三个方面：历史、社会经济和自然系统
	6	任选课以提供深入研究的机会
第一学期	8（中级）	景观规划与设计（设计课）
	4（中级）	景观规划理论与方法
	4（中级）	现代园林和公共景观史：1800 年至今
	（初级）	景观技术
	2（中级）	植物配置
第二学期	（中级）	景观规划与设计（设计课）
	（中级）	景观技术基础
	（中级）	植物配置基础
	（中级）	植物配置
	4（限选）	自然系统或（初级）场地生态学
第三学期	（高级）	自选设计课
	4（初级）	计算机辅助设计
	2（限选）	科学与技术课
	6	任选课
第四学期	（高级）	自选设计课
	（中级）	景观技术
		任选课
		MLA 学位论文独立研究
	（中级）	景观技术
	4	任选课

MLA1 的课程设置

入校生一般都已有 LA 的专业学士学位即 BLA 和 BSLA 或同等学位。要求完成下列 80 个学分后有资格获得 LA 的硕士学位。

	学分	
要求	4 24 44	高级 LA 设计课 高级 LA 理论课 自选设计课以培养设计技能 任选课
第一学期	8	高级 LA 设计课 高级 LA 理论课 任选课
第二学期	12	（高级）自选设计课 任选课
第三学期	12	（高级）自选设计课 任选课
第四学期	12	自选设计课 任选课

LA 城市设计硕士学位 (MLAUD) 的课程设置则在上述 LA 的基本课程体系上，强化城市景观的设计课程。设计学硕士 (MDesS) 学位需完成 32 个学分，其中必须有 24 个学分是 GSD 开设的设计类专业课；最多不超过 8 个学分的设计课和最多不超过 8 个学分的独立研究。设计学博士 (DrDes) 要求 32 学分的 GSD 设计类专业课和另外 24 个学分的论文工作（共 56 个学分）。Ph. D 的学生则更多地选用文理学院的课程，并至少掌握一门外语。

作为讨论，哈佛大学在 LA 专业教育上，有一些明显的特点值得借鉴：

（1）在 LA 专业人才培养上的多层次性和多方面的特点。在牢牢把握核心设计课程的专业技能训练基础上，通过自选设计课和多种限选及任选课使学生在某一方向形成自己的偏好和特色。这在竞争激烈的国际设计市场上是很有意义的。

（2）利用 GSD 设计学科方面的综合优势，无论在选课或组织设计课时，LA 学生都有机会与建筑学、城市规划学生和教授们广泛接触，在知识上交叉融合。

（3）GSD 在 500 多名学生中，其中有近 30% 为国际学生，这又是每一位 GSD 学生的最宝贵资源。在同一个设计课程中，常常是国际性的。各种文化和思维模式，在不断的头脑风暴过程中为每位参与者带来灵感和智慧。

（4）把设计院设在一个综合性大学中，与文理学院和政府管理学院并驾齐驱，在课程和教员上相互补充，则是哈佛的景观规划设计专业，也是其他设计学专业得以在充足的知识营养中延续和创新的主要优势之一。

（5）兼容并蓄，广泛邀请世界名流学者参与 LA 教育，使哈佛的 LA 学生思路开阔，得巨人肩膀之位势。

所有以上各方面，都使哈佛的 LA 教育和其他设计学专业教育得以领导世界设计潮流近百年而不衰。

附：景观规划设计专业限选课程目录（1994 ~ 1995 年）

课程分为 6 个方面，历史、理论、社会、经济、自然系统和技术（除 * 注名为 2 个学分外，余皆 4 学分）。

历史类课程

美国城市设计与发展

自然与城市：19 世纪的城市主义与景观设计

环境：1580 年到现在

美国城市历史：1870 年到现在

景观规划设计史：远古到 1800 年

现代性、神话和日本建筑

建筑史 I：建筑、本文和文脉：从蒙昧时代到 20 世纪

建筑史 II：建筑、本文和文脉：远古时代到 17 世纪

郊区、大都市区和区域规划

美国建成区景观的现代化：1890年至2000年

北美沿海与景观：发现时代到现在

探险与探险家：幻想与现实，1871年到2025年

意大利的巴洛克庄园

现代园林与公共景观：1800年到现在

法国建筑，花园与城市化

乌托邦建筑

理论课

视觉景观

景观设计理论与概念

建筑学概论

美国城市设计与发展

景观规划理论

20世纪建筑与城市化的争论

研究方法论

社会经济研究类课程

城市规划设计引论

城市政策和土地利用政策：私人和公共开发

住房及社区的设计与实施

应用经济分析

房地产经济和发展

发展中国家的城市化

交通政策、规划和管理

美国住房的设计和供给

城市形式、城市生活和城市理论

社会内涵与城市变迁

城市经济分析：地产市场和经济发展

自然系统课

景观与区域规划的水文学

景观生态

地形分析

景观生态专题

可持续环境

河流、湖泊和湿地的生态与恢复

发展中国家的生态问题

城郊生态学

技术

建筑技术初步

景观技术基础

建筑结构分析和设计

建筑施工

建筑技术

景观技术

城市基础设施系统

桥梁：结构和形式

建筑技术高级研讨课

信息技术与设计

计算机辅助景观规划设计专题

地理信息系统

2.2 国际室内设计师协会规定课程

国际室内设计师协会规定室内设计教育或培训必须包括以下课程：

（1）室内设计基础（哲学、美学、社会学，以及关于室内设计、视觉研究、色彩、灯光布置及肌理的理论）；

（2）材料基本知识（木材、金属、塑料、织物材料等）；

（3）视觉传播（客观及阐释性绘图、徒手透视图、色彩媒介的使用、摄影及模型制作）；

（4）人与环境（工效学、人体测量学及室内设计评估、艺术及建筑史、室内布景及家具）；

（5）以项目方式完成的创造性工作（至少4个大型项目）；

（6）信息输入及设计。要求简介、室内设计分析、室内设计探索、以图示形式提交的室内设计方案；

（7）对项目设计方案的解释及与建筑环境有关的技术学习（施工图、建筑技术、对结构和服务的理解）；

（8）成本计算及评估、细部设计及材料的尺寸规格说明、家具及房屋内的固定装置；

（9）专业实践（口头交流技巧、办公室组织及实践、与室内设计师相关的法律、参观设计或施工当中的项目）。[1]

根据目前的情况，国际室内设计师协会规定以上这9项所包含的内容是一个合格的室内设计师所必须掌握的，是最低标准。通过对美国有关院校室内设计及景观设计专业的了解，通过对国际室内设计师协会规定室内设计教育或培训的基本要求的了解，通过对国内各主要院校该专业的了解，我们对该专业在目前国际上以及发达国家的专业教育状态与国内该专业的教育状态有了一个宏观对比。发现他们的异同，同时为建立我们国家的该专业教育体系及专业教学控制体系作好对比研究的基本准备。

2.3 国内主要院校办学模式比较及评析（6大类）

在改革开放早期的20世纪80年代初到90年代中期，我国的综合国力不断增强，人民生活水平日益提高，为环境艺术设计行业提供了广阔的市场。环境艺术设计行业蓬勃发展，并带动了其他相关产业的迅速发展。环境艺术设计行业已经逐渐成为国民经济新的增长点，为国民经济的发展和社会的稳定作出了巨大的贡献。

---

[1]【英】詹尼．吉布斯，英国圣马丁艺术与设计学院系列教材《室内设计培训教程》，陈德民，浦焱青等译，上海人民美术出版社，2006年7月。原版书名：Interior Design．原版作者名：Jnney Gibbs．

那一时期的环境艺术设计市场急剧发展，社会急需一大批环境艺术设计的专业人才，环境艺术设计教育却滞后于市场的发展。环境艺术设计行业市场上真正受过良好环境艺术设计专业培训的人员奇缺，许多做环境艺术设计的从业人员是没有经过环境艺术设计专业训练的人员，多为美术学院绘画类以及其他设计类专业转行过来。许多院校蜂拥而上创办环境艺术设计专业，在环境艺术设计教学办学模式上是全凭着现有的师资"看菜下饭"、摸着石头过河。

1987年，建设部批准在同济大学建筑系和重庆建筑工程学院建筑系（现：重庆大学建筑学院）开设了室内设计专业，尝试在工科院校中培养室内设计的专门人才，侧重于建筑空间关系与工程技术教育。在各美术类师范类院校开办的环境艺术设计专业则更多侧重空间艺术造型、陈设艺术设计及装饰艺术教育。[①] 1980年代以后，开设相关课程的大专院校、中专、民办学校也越来越多，为中国环境艺术设计人才的培养打下了数量的基础。

经过几十年的探索，中国环境艺术设计的教学方向逐渐明确，学科建制日趋规范，但教学体系及结构各校自说自话，甚至相去甚远，从四年一贯制，到一三制、二二制，应有尽有，似无基本规范可依。在课程设置上往往是较独立地分门别类讲授各项内容。然而，从实际效果观察，这样堆垒式的教学模式固然使学生知识面广了，但重点却不突出，知识链的串联常常缺失。各校追求自己的办学特色是无可厚非的，但是作为一门应用性、实践性很强的学科，它相对应的市场需求具有一些核心的对人才知识技能的要求是相对不变的，这也是我们研究这个课题的充分及必要价值。国内的环境艺术设计教育相比世界上发达国家而言具有起步晚、但规模发展快、量和质不同步，以及水平高低严重失衡的特点。具体到教学和相关理论研究却在当下由利益目的驱使的重"实践"、轻理论的浮躁环境中呈现严重滞后状态。

从我国目前培养环境设计专业人才的高等院校教学水平及教学特点

---

① 张绮曼主编《环境艺术设计与理论》，中国建筑工业出版社，1996年，p.6.

来看，拟分为 6 大类。以下各校各具代表性：（1）清华大学美术学院环境艺术设计系。（2）中国美术学院建筑学院环境艺术设计系。（3）中央美术学院建筑学院环境艺术设计系。（4）同济大学建筑与规划学院艺术设计系环境艺术设计专业。（5）广州美术学院设计学院建筑与环境艺术设计系。（6）其他师范及综合院校环境艺术设计系。

2.3.1 清华大学美术学院环境设计系模式

清华大学美术学院环境设计系在国内同类系科中办学历史最长。从 1957 年中央工艺美术学院（现为清华大学美术学院）成立了"室内装饰"系，迄今已走过 60 多年的历程。在全国所有院校的环境设计系当中，它经历的教学时间最长。

由于得天独厚的条件，清华大学美术学院环境设计系最早参与国家重点大型建设工程实践，将教学与实践结合起来。在早期的室内设计主要是为政治服务，如 20 世纪 50 年代的北京"十大建筑"；20 世纪七八十年代，主要为旅游业服务，如大型的宾馆；90 年代开始，环境艺术设计开始为全社会全方位提供服务。

在中国环境艺术设计学科建设方面，中央工艺美术学院环境艺术设计系，是中国最早设立室内设计专业和景观设计专业方向的高等院校专业系科。它早期经营的是室内设计专业，拓宽专业范围后，增加了一个景观设计专业。

该系师资力量雄厚，并十分注重师资的培训与建设，在国内同类专业中师资力量最强。从 20 世纪 50 年代以来，名家辈出，奚小彭、潘昌侯、张世礼、何振强、张绮曼、郑曙旸等，分别在各个时期国内业界具有广泛影响。现任教师中，有博士研究生导师两位，博士后指导教师一位，9 位教师具有博士学位（截至 2006 年年底）。这样的师资水平为教学和科研的良性发展奠定了良好的基础。

从清华大学美术学院环境艺术设计系的发展历史以及大量的工程实践项目效果来看，也就是说，从 1957 年中央工艺美术学院"室内装饰系"成立以来，它的环境艺术设计教育走过的是一条从注重室内界面的装饰设计开始，逐步发展到以室内、外空间营造为主，室内外界面的装饰设计为辅的道路；它的关注对象是从单纯关注室内过渡到室内、室外并重的过程。从它的系名演变都可以看出这种变化，室内装饰系—建筑装饰系—工业美术系—室内设计系—环境艺术设计系。前3个系名都是在1982年以前用的，注重装饰及实用美术概念。1982年开始与世界接轨，更名为室内设计系（Interior Design，国外有这个学科名称），后来，1988年将专业范围拓宽改名为"环境艺术设计"专业，列入国家教委专业目录。并于同年更改系名为"环境艺术设计系"。它早期的师资主要是由拥有工艺美术背景的美术学院毕业生来担当，对学生要求注重扎实的美术功底及装饰变化能力。后期有不少留学生、建筑系背景及长期在建筑设计院工作背景的硕士研究生、博士毕业生加盟，课程设置也不断随之变化。对学生的要求与以前也大不相同，主要是强调以空间设计为主，装饰设计为辅。但是无论过去还是现在他们都注重对中国、世界传统及民间设计元素的研究及应用。

环艺系景观专业2008～2009学年秋季学期专业课程表（1）

课程	秋季学期					
景观2007级（二上）美713班	中外建筑园林史论（1）★1～12周			环境艺术概念 13～14周	计算机辅助环艺设计 15～16周	复习考试 17～18周
	设计表达（2）1～4周	人体工程学 5～9周	建筑设计初步 10～12周			
		空间概念 5～9周				
景观2006级（三上）美66班	中外建筑园林史论（3）★1～12周			景观设计基础 13～14周	室内设计基础 15～16周	
	景观设计原理 1～5周	景观设计（1） 6～12周				
	地景勘测与识图 1～7周	建筑形态学 8～12周				
景观2005级（四上）美56班	景观设计（3） 1～12周			环境色彩设计 13～14周	设计标准与预算 15～16周	
	施工图设计 1～5周★	光环境设计	论文写作 11～12周			
	园艺基础 1～6周	园林设计 7～12周				

注：17～18周为复习、考试周。★为考试课程。

环艺系景观专业 2008～2009 学年春、夏季学期专业课程表（2）

学期	春季学期						夏季学期及暑假	
景观2007级（二下）美713班	中外建筑园林史论（2）★ 1～12周			环境艺术鉴赏 13～14周	室内设计 15～16周		专业考察 1～5周	暑假 1～7周
	景观设计原理 1～5周	建筑设计▲ 6～12周						
	设计表达（3）1～5周	建筑装饰 6～12周						
景观2006级（三下）美66班	环境心理学★ 1～4周	材料与构造 5～12周				复习考试 17～18周	专业实践 1～5周	
	城市规划原理 1～5周	景观设计（2）▲ 7～12周		手绘表现技法 13～14周	景观园林史论 15～16周			
	城市空间陈设 1～5周	公共设施设计 7～12周						
景观2005（四下）美66班	毕业论文、毕业设计▲ 1～16周					布展答辩 17～18周	毕业离校	

注：1. 17～18周为复习、考试周。★为期末考试周的考试课程，▲为实验室课程。

2. 6月29日至7月31日为夏季学期，进行专业考察或专业实践课程，具体课程内容由各系安排。8月3日至9月18日为暑假。

环艺系室内设计专业 2008～2009 学年秋季学期专业课程表（1）

课程	秋季学期						
室内 2007 级（二上）美 77 班	中外建筑园林史论（1）★ 1～12 周				环境艺术概论 13～14 周	计算机辅助环艺设计 15～16 周	复习考试 17～18 周
	设计表达（2）1～4 周	人体工程学 5～9 周		建筑设计初步 10～12 周			
		空间概念 5～9 周					
室内 2006 级（三上）美 67 班	中外建筑园林史论（3）★ 1～12 周				景观设计基础 13～14 周	室内设计基础 15～16 周	
	室内设计程序 1～5 周		室内设计（1）6～12 周				
	建筑设计 1～7 周		陈设设计 8～12 周				
室内 2005 级（四上）美 57 班	室内设计（3）1～12 周				环境色彩设计 13～14 周	设计标准与预算 15～16 周	
	施工图设计★ 1～5 周	光环境设计 6～10 周		论文写作 11～12 周			
	室内设计风格概论 1～6 周		家具设计（2）7～12 周				

注：17～18 周为复习、考试周。★为考试课程。

环艺系室内设计专业 2008 ~ 2009 学年春、夏季学期专业课程表（2）

学期	春季学期					夏季学期及暑假	
室内2007级（二下）美713班	中外建筑园林史论（2）★ 1~12周		环境艺术鉴赏 13~14周	室内设计 15~16周	复习考试 17~18周	专业考察 1~5周	暑假 1~7周
	室内设计程序 1~5周	建筑设计▲ 6~12周					
	设计表达（3）▲ 1~5周	建筑装饰 6~12周					
室内2006级（三下）美66班	环境心理学★ 1~4周	材料与构造 5-12周	手绘表现技法 13~14周	景观园林史论 15~16周		专业实践▲ 1~5周	
	室内设计（2） 1~5周	水景与绿化设计 7~12周					
	家具设计（1）▲ 1~5周	展示设计▲ 7~12周					
室内2005（四下）美66班	毕业论文、毕业设计▲ 1~16周				布展答辩 17~18周	毕业离校	

注：1. 17~18周为复习、考试周。★为期末考试周的考试课程，▲为实验室课程。

2. 6月29日至7月31日为夏季学期，进行专业考察或专业实践课程，具体课程内容由各系安排。8月3日至9月18日为暑假。

2.3.2 中国美术学院环境艺术设计系模式

因为中国美术学院环境艺术设计系与东南大学建筑学院的特殊的渊源关系，使得中国美术学院环艺系与其他的美术学院环艺系起点大不相同。它以重点建筑院校的规范教学与教学经验，结合美术院校的特点，建立了理工科院校的理性与美术学院的感性相结合的教学模式，使专业教学模式凸显学科交叉性质。这为该专业以后在技术与艺术两方面的全面发展打下坚实基础。

中国美术学院环境艺术专业教学模式，从 1984 年"室内设计专业"成立以来，经过 20 多年的发展，其专业教学从原来单一注重室内设计开始，逐步发展到将"建筑、景观、室内"作为一个整体的复合教学模式。这一教学模式的变化，契合了这个专业在国内 20 多年来的内涵发展——即由简单的表象的室内外装饰、室内家具及陈设设计发展到对工程技术、工艺、建筑本质、生活方式、视觉艺术等方面进行综合整合的工程设计，更强调空间以及人与空间的关系。

中国美术学院环境设计系在建系之初的 1984 年就注册了中国美术学院风景建筑设计研究院，现具有建设部颁发的建筑设计甲级资质、景观设计甲级资质、室内设计甲级资质，是建筑、景观、室内三位一体的链接设计。为环境艺术设计系产、学结合打下良好基础。

中国美术学院环艺专业（室内设计方向）课程设置情况

学期	课程名称表
大一 （一年开课）	素描、色彩基础、模型基础、设计初步（一）、设计初步（二）、专业绘画、民居考察、设计语言、专业设计（一）、设计概论、外国建筑史
大二上学期至大三上学期 （一年半课程）	设计初步（CAD 制图）、专业绘画（一）（效果图线稿）、独立住宅建筑设计、独立住宅室内设计、建筑设计原理、建筑概论、专业绘画（二）（效果图上色）、民居测绘、办公建筑设计、办公建筑室内设计、建筑结构概论、场地设计原理、室内设计概论、风景区规划、计算机辅助设计、中国建筑史、建筑材料与构造、景观概论
大三下学期至大四 （室内设计专业方向课程）	高级住宅室内设计、园林考察、公共艺术、室内构造与模型、中西方雕塑史纲、建筑室内概论、园林设计原理、毕业考察、度假宾馆室内设计、设计院实习、中国古建筑构造分析、室内设计材料与构造、室内设计专业方向毕业设计、毕业论文

中国美术学院环艺专业（风景建筑设计方向）课程设置情况

学期	课程名称表
大一 （一年开课）	素描、色彩基础、模型基础、设计初步（一）、设计初步（二）、专业绘画、民居考察、设计语言、专业设计（一）、设计概论、外国建筑史
大二上学期至大三上学期 （一年半课程）	设计初步（CAD制图）、专业绘画（一）（效果图线稿）、独立住宅建筑设计、独立住宅室内设计、建筑设计原理、建筑概论、专业绘画（二）（效果图上色）、民居测绘、办公建筑设计、办公建筑室内设计、建筑结构概论、场地设计原理、室内设计概论、风景区规划、计算机辅助设计、中国建筑史、建筑材料与构造、景观概论
大三下学期至大四 （风景建筑设计专业方向课程）	亭榭设计、园林考察、公共艺术、建筑构造与模型、建筑设备概论、风景建筑设计、园林设计原理、毕业考察、名作解读、度假宾馆（博览）建筑设计、设计院实习、中国古建筑构造分析、城市设计原理、风景建筑设计专业方向毕业设计、毕业论文

中国美术学院环艺专业（景观设计方向）课程设置情况

学期	课程名称表
大一 （一年开课）	素描、色彩基础、模型基础、设计初步（一）、设计初步（二）、专业绘画、民居考察、设计语言、专业设计（一）、设计概论、外国建筑史
大二上学期至大三上学期 （一年半课程）	设计初步（CAD制图）、专业绘画（一）（效果图线稿）、独立住宅建筑设计、独立住宅室内设计、建筑设计原理、建筑概论、专业绘画（二）（效果图上色）、民居测绘、办公建筑设计、办公建筑室内设计、建筑结构概论、场地设计原理、室内设计概论、风景区规划、计算机辅助设计、中国建筑史、建筑材料与构造、景观概论
大三下学期至大四 （风景建筑设计专业方向课程）	造园设计、园林考察、公共艺术、景观构造与模型、建筑设备概论、景观设计史、园林设计原理、城市设计原理、毕业考察、景观设计专业方向名作解读、公园（居住区）景观设计、设计院实习、中西方雕塑史纲、园艺栽培学、景观设计专业方向毕业设计、毕业论文

建筑艺术学院环境艺术系 2008～2009 学年春夏季本科专业教学进程表

年级								
08级环艺	招生专业考试1周	机动2周	专业绘画（一）3～6周	设计初步 7～10周	民居考察 11～13周	建筑空间模型（实验课程）14～20周		公共课期末考试21周
07级环艺			办公建筑设计（实验课程）3～9周	园林考察 10～12周	办公建筑室内设计（实验课程）13～16周	亭榭设计（实验课程）17～20周		
06级建筑			公共艺术 3～5周	外教 6～8周	名作解读 12～14周	风景建筑设计（实验课程）15～20周		
06级室内			模型实践 3～5周		民居测绘（二）9～11周	家具设计（实验课程）12～15周	高级居住室内设计（实验课程）16～20周	
06级景观			居住区景观设计 3～8周		植物配置 12～14周	城市公共景观改造 15～20周		
05级环艺			毕业设计与论文（实验课程）3～14周			办理离校手续 15～20周		

理论课安排：

（1）一年级：《平面构成》(05041135)，3～19周，每周二下午1、2节；《速写》(05041142)，3～19周每周四下午1、2节。

（2）二年级：《建筑结构概论》(05041055)，3～19周，每周二下午1、2节；《场地设计原理》(05041086)，3～19周每周四下午1、2节。

（3）三年级：《中西方雕塑史纲》(05041099)，3～19周，每周四上午3、4节；《景观植物学》(05041143)，3～19周，每周二上午3、4节。

注：毕业展览时间为5月11日至5月15日，毕业论文答辩应在5月22日之前完成。

建筑艺术学院环境艺术系 2008～2009 学年秋季本科专业教学进程表

班级	秋季学期课程					
08级甲、乙	学前教育与军训 2周	建构学初步（周二7、8）\建筑概论（周四5、6） 3～16周				公共课期末考试 19周
		素描 3～7周	设计初步 8～11周	色彩 12～14周	金木工基础 15～18周	
07级甲、乙		外国近现代建筑史（二）（周二7、8）\公共建筑设计原理（周四5、6） 3～16周				
		专业绘画 2～6周	独立住宅建筑设计 7～12周	独立住宅室内设计 13～15周	公共艺术 16～18周	
06级甲、乙		中国建筑史（周二3、4）\景观概论（周四3、4） 3～16周				
06级甲		风景区规划 2～7周	度假宾馆建筑设计 8～14周	公共艺术 15～16周	小庭院设计 17～18周	
06级乙				小庭院设计 15～16周	公共艺术 17～18周	
05级建筑		居住组团设计 2～7周	名作解读 8～10周	毕业实践 11～12周	毕业设计与论文 13～19周	
05级室内		室内设计材料与构造 2～7周				

2.3.3 中央美术学院环境艺术设计系模式

中央美术学院建筑教育办学历史可以追溯到1928年，当时在北平大学艺术学院曾设有建筑系，为6个艺术系科之一。1945年，作为中央美术学院前身的北平艺专设立了建筑营造专业；1950年改名中央美术美院时设立了实用美术系；1956年实用美术系迁出，独立成立中央工艺美术学院。1993年在当时的靳尚谊院长的倡导下，中央美术学院在壁画系恢复设立建筑与环境艺术设计专业，学制5年，聘请从西班牙归国的建筑师张宝玮先生主持这一专业的教学。1995年中央美院成立了设计系，在艺术设计学科目录下分设建筑与环境艺术设计和平面设计两个专业方向。戴士和、张宝玮和谭平老师先后担任设计系主任。1999年向教育部申报设计艺术学文学硕士学位授予权获得批准，在维持了6年10人左右的小规模教学之后，1999年开始了建筑与环境艺术设计专业的逐年扩招，并于同年引进我国环境艺术设计专业的创建人和学术带头人、博士生导师张绮曼先生任教。

2001年开始，根据高等教育的发展形势和学院学科发展需要，以潘公凯院长为首的新任学院领导班子对学院的学科建设作出重大部署，建筑与环境艺术设计专业作为实践性很强的、融合技术与艺术双重属性的设计学科，在学院整体学科发展布局中，得到前所未有的重视，并获得快速发展的机遇。2002年，建筑与环境艺术设计专业的本科招生规模已达到了100人，建筑设计和环境艺术设计两个专业方向开始分开设立。随着教学水平的提高和专业规模的扩大，设计系在2002年年末发展成立为设计学院，同年申请设立建筑学（工学）专业，获教育部批准。

随着中央美术学院的规模扩大、学科拓展与结构调整，2003年，中央美术学院通过与北京市建筑设计研究院的合作办学，将建筑设计和环境艺术设计两专业从设计学院分离出来单独成立了建筑学院，并于2003年10月28日举行了正式成立仪式，聘任了中国工程院院士马国馨教授担任建筑学院名誉院长，吕品晶教授和黄薇女士为副院长，由吕品晶教授主持工作。新成立的建筑学院成为我国高等美术教育系统中的第一所建筑学院。

为了适应社会需要，2005年建筑学院环境艺术设计专业进一步细分为室内设计和景观设计两个专业，并于同年10月与中国建筑设计研究院的环境艺术设计院建立了合作办学关系。至此，建筑学院教学、科研与工程实践相结合的本科教育模式获得了前所未有的完善。与此同时，学院向教育部申报的建筑设计及其理论工学硕士二级学科授予点和艺术设计学博士学位（与设计学院共同申报）授予权，均获批准。目前，建筑学院已形成以本科生教育为主体，硕士生、博士生教育为支撑，留学生教育为补充的完备的教学层次和多种培养模式，初步形成突出的专业优势与鲜明的办学特色。2006年9月，中央美术学院新设计教学大楼落成，建筑学院办学条件获得空前改善。

建筑学院下设3个专业方向：建筑设计、室内设计、景观设计。学制5年，本科招生兼顾文理科生源。建筑学院现有学士（艺术设计学文学、建筑学工学）、硕士（艺术设计学文学、建筑设计及其理论工学）和博士（艺术设计学文学）学位点。教学组织以建筑学专业为基础，3个专业互相渗透、互为补充和支持，共同构成完整的建筑学科结构。中央美术学院在国内美术院校中首批获得建筑工学学士学位授予权，并拥有美术院校中唯一的建筑设计及其理论工学硕士学位点，这些学科建设举措已使该院建筑学科的发展获得先机。可以说，无论是办学规模、办学层次、教学设施还是教学质量，该院均居于全国美术院校同类专业前列。通过推动教学改革、深入学术研究，建筑学院积累了可喜的成果，也锻炼出一支优秀的专业教学队伍，这些都为进一步整合教学资源、带动学科建设、强化专业水平、攻克更高的学术目标，从而提升专业的办学层次与国际竞争力创造了有利条件。

建筑设计

建筑设计专业是国内艺术院校中最早成立的建筑设计专业之一。本专业着眼于国内外建筑设计教育领域的发展趋势，将当代建筑艺术及其他艺术形式同现代的科学技术和社会需求紧密结合，强调当代建筑设计的多元化及艺术性。建筑学院成长于中央美术学院丰厚的艺术沃土之中，整合了多元化、多层次的教学资源，和多所国际著名建筑、艺术院校建立了校际交流关系，并与北京市建筑设计研究院合作办学，为建筑设计专业教学提供了开放的教学平台，创造了良好的艺术实践环境。专业成立以来，学生在北京国际建筑双年展、国际建筑艺术双年展、国际建协"建筑与水"学生设计竞赛、全国建筑院系大学生建筑设计竞赛、第一届全国美术院校建筑环艺作品双年展等一系列国内外学术竞赛活动中，均取得较好成绩，初步显示了本专业学生旺盛的创造才能。

室内设计

室内设计专业是在前身环境艺术设计专业的基础上发展起来的。本专业在中国环境艺术设计专业的创建人及学术带头人张绮曼教授的带领下，本着创建国内一流室内设计专业的目标，一直在不间断地进行着系统而完善的专业课程改革。同时通过与中国建筑设计研究院环艺院合作办学，为学生提供了良好的社会实践平台。室内设计专业在培养学生掌握相关专业知识和空间塑造意识的同时，更强调人文环境的艺术表达与设计形式的原创，力图培养出有设计能力、有专业知识、有审美能力、有整体设计协调能力，适合于社会的优秀室内设计师。近年来，学生在国内外的竞赛与交流中屡获殊荣，包括第一二届"为中国而设计"环境艺术设计大赛，"家——从传统到现代"设计竞赛等。学生还积极参加社会实践，郭立明、刘环等同学参加了中央电视台《交换空间》节目。

景观设计

景观设计专业在办学过程中，注重加强与社会的合作及与国内国际院校的交流，并与中国建筑设计研究院环艺院合作办学，为学生提供了良好的社会实践平台。未来学科发展将进一步加强与国内外著名院校和学术机构的横向交流与合作，借鉴成熟的学科建设、管理经验和理论知识体系，尝试多元化教学，强调原创性、艺术性和科学性。本专业学生在一系列国际国内学术竞赛中取得较好成绩，包括国际学生设计竞赛（IAAH）、荷兰中国文化交流艺术展、2008北京奥运会环境设施国际竞赛、第二届"为中国而设计"环境艺术设计大赛等。

中央美术学院建筑学院工作室

中央美术学院建筑学院第一工作室

导师介绍

韩光煦教授1965年毕业于清华大学建筑系。毕业后曾在煤炭部、机械部等部属设计院从事设计和管理工作近30年，设计和主持过多项国内外建筑和规划设计工作，历任主任建筑师、总建筑师、设计院长等职，多次获得省、部及国家计委、科委、经委奖项。1994年转入中央美院从事教学工作，曾任设计系副主任，现为建筑学院教授，第一工作室主任，硕士研究生导师。

教学宗旨

以建筑设计为教学基础，向城市设计、区域规划和环境景观设计领域拓展，培养学生全面掌握现代人居环境设计的理论与技能。

培养目标

培养具有开拓精神和扎实专业基础、知识全面、综合能力强的建筑师，使其在建筑设计领域具有较强的竞争能力。

教学模式

系统的课堂讲解与讨论相结合；课程设计与社会实践相结合；理论研究与设计实践相结合，全面提高学生的综合能力。

教学特点

（1）治学严谨，对学生作业逐一辅导、批改，从建筑功能、环境条件、技术规定以及图面、文字表达诸方面严格要求。

（2）知识全面，除建筑本身外，对相关专业知识，如结构、设备、规划等结合课程设计配套讲授，使学生获得完整的知识结构。

（3）结合实际，尽量选取实际工程课题。即使自拟课题也要求按社会实际要求设计。

（4）提倡学术民主，充分尊重和支持学生的创意和个性风格。鼓励学生关注社会生活、研究问题、提出见解、发挥独创精神。

中央美术学院建筑学院第二工作室

导师介绍

张绮曼教授是中国环境艺术设计专业的创建人及学术带头人。自1986年从东京艺术大学留学归来后，根据中国建设发展的需要向高教部提出建立中国环境艺术设计专业的申请。1988年获正式批准，在中国高校专业目录中增设了"环境艺术设计专业"。随之，张绮曼教授担任系主任的中央工艺美术学院"室内设计系"率先扩大专业，改名为"环境艺术设计系"。继而全国各地相关院校相继设立了环艺专业，招生人数不断扩大。张绮曼教授为环艺专业的基础建设辛勤耕耘，除了在教学、理论研究、教材编撰等专业领域获得了丰硕的成果外，还率先带领师生走出校门开展专业调研，并深入到社会实践中去，参与了我国许多重大工程的设计与施工，得到了社会各界的广泛赞誉。

在中央工艺美术学院合并至清华大学后不久，张绮曼教授调入中央美术学院，建立了"环境艺术工作室"（即第二工作室）。为中央美术学院积极开拓发展环境艺术设计专业，并培养了我国第一代环境艺术专业的博士研究生。

教育宗旨及学术研究方向：进行有中国文化特色的室内、景观环境艺术设计及研究，不断推出教学成果和专业成果。

学习研究中国原生态民居遗产，进行民居再生设计研究。进行现代环境艺术设计实践锻炼。

培养目标

培养具有开拓精神和创意思维活跃、有较高文化艺术素养的从事高校教学、专业研究及设计的室内设计专业及景观设计专业人才。

教学模式

工作室课程安排既有专业理论讲授，也重视学生设计能力的锻炼与提高；既关注世界范围内学科学术发展动向，也强调对中国文化传统的学习研究。

教学特点

在学习中国本土传统文化的基础上，注重学习国际先进设计理念、关注现代设计思潮变化。注重理论思考及设计实技锻炼，强调有利于培育创新能力、具备文化个性的教学方式。

中央美术学院建筑学院第三工作室

导师简介

张宝玮教授1962年毕业于同济大学建筑系，毕业后曾在中国建筑科学研究院及湖南省建筑设计院从事设计和研究工作。1980年赴西班牙，先后就职于西班牙建筑设计大师米盖尔·费萨克（Miguel Fisac）建筑设计事务所和URBAMED西班牙地中海银行地产开发公司地产策划及设计事务所。1993年回国创立中央美术学院设计系，任系主任，并受聘于国内多所著名大学担任客座教授。现为中央美术学院建筑学院教授，第三工作室主任，博士生导师，国家一级注册建筑师，中央美术学院学术委员会委员，中央美术学院设计学科组主任，中央美术学院当代艺术中心主任。

教学宗旨

工作室教学以建筑与环境设计为主线，着重探讨两者之间的有机关系。尤其在新建建筑与原有环境的协调发展上，主张既尽可能保留原住居形态的模式，又为提升人居环境创造最优良的物质基础。这是城市可持续发展的永恒课题，也是第三工作室的教学宗旨。

培养目标

通过训练学生对已有知识进行综合利用的技能和手段，使之解决问题的能力获得提升，综合素质和艺术修养得以完善。

教学模式

工作室由从教授、教师、博士研究生到硕士研究生和本科生的多层级人员构成，以研究指导实践，以实践带动教学，创作与学术并行，并体现出对建筑与艺术的综合交融的不懈探索，学术气氛轻松活跃。

教学特点

（1）启发式教学，强调发挥学生的主观能动性，以激发学生自身的创造力为教学的重点。

（2）教学与实践结合，为学生提供大量实践机会，使其在学生阶段就有实现设计的经历，从而符合建筑学科理论与实践紧密结合的特点。

中央美术学院建筑学院第四工作室

导师介绍

吕品晶教授1983年入读同济大学建筑系，1990年毕业于同济大学建筑与城市规划学院，获建筑学学士、工学硕士学位。毕业后曾在北京市建筑设计研究院等机构从事设计研究工作，主持完成了多项国内外重要建筑和规划设计项目。1997年转入中央美术学院从事教学与研究工作，2006年入选教育部新世纪优秀人才支持计划，2007年公派赴荷兰代尔夫特技术大学建筑学院做访问学者。现为中央美术学院学术委员会常务委员，建筑学院院长，教授，第四工作室主任，硕士研究生导师，国家一级注册建筑师。

教学宗旨

立足于美术学院多专业综合的艺术教育背景，以建筑设计作为教学媒介，着重探讨美学、社会学及文化艺术在建筑与环境设计领域的融合，积极发展学生的专业能力、创造精神、文化修养和艺术素质。

培养目标

在学习与继承美术学院教学重艺术性、重精神性内涵的优秀传统的同时，积极将科学、技术、工程实践领域的内容纳入教学，辅以有针对性的社会调查与实际工程锻炼，加强教学过程中对学生的社会参与意识、职业责任感意识与思维敏感性的训练。紧密配合社会发展需求，培养具有较高审美素质和较强社会实践能力的建筑与环境艺术设计人才。

教学模式

强调构思与创意、空间和形体、材料与细部三个层面的学习；为学生提供表达对建筑现象和社会文化进行理解与思考的机会，并鼓励设计的创意和独特构思；鼓励对于内外空间和建筑形体关系的独特演绎；训练设计者对材料和细部的认识和运用。在此基础上展开以研究为导向的设计教学。

教学特点

推动设计教学的改革，积极提倡自主性、参与性、创造性的学习态度，使教学过程同时成为学生专业创造能力得以深化与升华的过程，融设计思维创新于教学相长的教学研讨之中。

中央美术学院建筑学院第五工作室

导师介绍

王铁教授1986年毕业于中央工艺美术学院环境艺术设计系，1990年留学日本国立名古屋工业大学建筑学科及爱知县立艺术大学研究生院空间设计研究专业，获得了硕士学位；曾就职于日本名古屋Be株式会社等建筑设计事务所。1998年回国在中央美术学院建筑学院从事教学工作，现任建筑学院副院长，教授，第五工作室主任，硕士研究生导师，中国美术家协会环境艺术委员会委员，中国艺术研究院特约研究员，中国建筑装饰协会常务理事、设计委员会副主任、专家组副组长，中国建筑学会室内设计分会理事，北京市建筑招投标专家评委，资深室内建筑师，注册高级景观设计师，ICAD中国地区环境艺术设计委员会主任。

教学宗旨

以建筑设计为教学基础，以城市景观设计和室内空间环境设计两翼为主要研究方向，注重设计过程的综合分析及设计理论与设计实践的密切结合，提倡优良学风和积极探索的创新精神。

培养目标

以建筑设计中的空间思维能力为基本训练内容，在了解相关专业的条件下，进行外部空间环境设计和内部空间二次再划分设计的全面探讨。

要求学生掌握坚实的理论基础和系统的专业知识，具有从事科学研究工作或独立担负专门技术工作的实际操作能力。

教学模式

以建筑设计为基础，深入研究内外空间的综合性和独立性，使学生逐渐形成良好的空间意识和建造意识、立体思考能力。在教学中充分强调空间的文学性内涵，让技术与艺术在空间设计领域中得到可行的融合与发展。

教学特点

导师引导下的思维开放式教学，注意多领域、宽范围综合能力的培养，引导学生在更宏观的领域内对自己的专业进行更为深刻和准确的认识把握，强调动手能力，并进而以理论指导实践活动，形成理论与实践有机结合。

中央美术学院建筑学院第六工作室

导师介绍

邱晓葵副教授1989年毕业于中央工艺美术学院环境艺术设计系。1994年调入中央美术学院从事教学工作，1998年受法国巴黎国际艺术城邀请赴欧洲进行艺术考察。现为中央美术学院建筑学院第六工作室主任，硕士生导师，中国建筑学会室内设计协会会员，高级室内设计师。邱晓葵副教授撰写了全国中等职业教育室内设计教学大纲，并编写了若干室内设计领域的国家规划教材，出版有教学用书多部，发表论文多篇。邱晓葵副教授长期从事室内设计教学与室内设计工程实践，主要致力于室内环境艺术设计研究、教学研究与学科建设发展工作。

教学宗旨

在室内环境艺术设计的教学与研究上强调设计的原创性、艺术性与民族性，力图创造能够满足人们精神需要、具有独特艺术想象力、和谐的色彩变化及富有艺术意味的空间环境。工作室以中国传统文化为底蕴，努力在传统气息与现代氛围的艺术表现形式中寻找结合点，致力于挖掘展示地方文化传统。

培养目标

工作室主要面向在校研究生展开教学工作，培养从事教学研究工作及室内设计工作的专门人才，兼顾市场对学术型与应用型人才的需求。学生经过3年的学习，应掌握坚实宽广的基础理论和系统的专门知识，具有合理的知识结构和能力结构、丰富的想象力和创造力，以及独立从事设计研究的能力。

工作室还兼顾5年级本科生的教学工作，在教学中致力于将艺术与科学技术相结合，注重创造性思维的培养，强调学科间的渗透，教授现代室内设计的专业知识和专业技能。

教学模式

以建筑设计和艺术设计为依托，重点学习室内空间的设计与装饰手法，以美化并提高人类生活空间质量为教学核心，研究人、社会、环境之间的关系。强调技术与艺术相结合，集实用性和艺术性为一体，围绕室内空间设计展开研究。

教学特点

工作室在方案阶段的教学中，给予学生最大的自由度，充分挖掘学生的学习潜能，开发创造力。通过小组讨论、个别辅导、集中讲授相结合的方法，因材施教，充分调动学生的学习积极性。教学过程深入细致，并建立起具有特色的设计教学方法和评介系统。实行过程教学，不但重视设计结果，更重视设计过程，确保每一个教学环节都能体现对创造力的培养。新的教学计划还将进一步加强学生实践能力的培养，如带学生观摩施工现场、进行各种材料的实战性训练，并增加施工图课程实训等。

中央美术学院建筑学院造型艺术教研室

课程设置

造型艺术是建筑学院专业教育的重要组成部分，造型艺术教研室依据建筑学科对造型艺术的特殊要求，为配合建筑学院的设计教学设置了艺术创作和艺术审美两方面的课程，并进一步开拓和发展了独立运行的教学机制，使得传统的基础教学系统在思维、创造性和更大范围的艺术实验层面取得了合理的推进。目前已形成了完整的造型艺术教学体系，设置了系统的教学模式，其中包括几何造型、色彩构成、空间重构、材料体验、创意造型、自然生态深入造型等多方面的专业课程，当代艺术赏析等理论课程和美术馆参观、春季写生等实践课程。为进一步提高学生的艺术素质，教研室还开设了木版画、油画等艺术类选修课程。每学期的具体课程均会根据学程进展而进行灵活的调整和改变。教师在教学中注重对学生进行创意思维的引导，结合全面的造型艺术技能训练，启发学生从具象造型逐步转向抽象思维，从而为培养具有开拓精神的自觉、积极的建筑与艺术设计人才提供素质保障。

中央美术学院建筑学院基础教研室

课程设置

建筑学院基础教研室力求培养学生具备扎实的基本功和开放的设计创新能力，确保学生具有初步的设计和审美能力并顺利进入下一步阶段的专业学习。教学模式多元开放，分为造型、设计、建造及技术、表现、理论 5 个教学单元。各单元的系列课程循序渐进，建筑、室内、景观基础课有机结合设置，使学生具备宽厚的专业基础和良好的审美素质。一年级教学以空间塑造能力的培养、专业表现技法的训练、造型能力的提高及一定审美素质的确立为核心展开；二年级教学以初步设计能力的培养为主，穿插对一些建筑基本问题的初步认识，同时交替进行的理论课和建造技术课程丰富了学生的专业知识，使之具备一定的学习研究能力。

设计课程单元：设计初步 1、设计初步 3、小型建筑设计、室内和环境空间设计。造型课程单元：造型基础 1、造型基础 2、造型基础 3、春季写生。

建造及技术课程单元：建造基础 1、建造基础 2、建造基础 3、建筑构造 1、工地认识实习、建筑结构体系、建筑物理。

表现单元：画法几何、阴影透视、设计初步 2、设计表达 1、设计表达 2。

理论课程单元：建筑概论、外国古代建筑史、设计初步 4、外国近现代建筑史、中国古建筑史、建筑认识实习。

中央美术学院建筑学院建筑设计教研室
课程设置
建筑设计教研室以建筑设计为主干课程，从低年级至高年级设计主干课程分别侧重为：启蒙开发与基础（空间研究、小型建筑设计）、设计方法入门（别墅设计、学生之家设计）、设计能力的培养及提高（幼儿园设计、小学校设计）、综合设计能力的训练（小区规划设计、集合住宅设计、景观建筑设计、大跨度建筑设计、城市建筑设计）。同时设置的专业基础课程有：结构与造型设计（小型可移动建筑）、构造与造型设计（木建筑、砖建筑）、建筑设计制图及表达、电脑辅助设计、建筑构造等。为加强与社会的联系和进一步深入实践，教学中安排了大量认识实习和实践类课程：认识实习、工地实习、古建筑测绘及设计院实习等。此外还开设艺术和其他交叉领域学科选修课加强学生的艺术修养和拓宽知识面。

中央美术学院建筑学院室内设计教研室
课程设置
室内设计专业本科学制 5 年，前两年为启蒙和基础类课程，课程设置与建筑学专业相同，后 3 年为专业教育。室内设计教研室以室内设计为主干课程，设有住宅室内设计、办公空间室内设计、专卖店室内设计、餐饮空间（公共空间）室内设计等系列课程。与设计课程相对应的设计辅助课程有室内色彩设计与室内光环境设计，是设计课程相关重点、难点的辅助与延伸。设计表达课程分为手绘和计算机表达两类，分别教授手绘技巧和 CAD、SketchUp、3DMAX 等设计软件。技术课程有室内材料材质设计、室内施工图设计与建筑设备等。理论课程有室内设计风格史、公共空间室内设计、设计师执业知识等。教研室根据课程特点分别采取单元制、交叉制、专家讲座等多种授课方式，并设置若干以几个基础课程环绕一个设计课题构成的课程循环，每个循环内部各门课程相互支撑，重点解决一个层面的设计问题。

中央美术学院建筑学院景观设计教研室
课程设置
景观设计专业本科学制 5 年，前两年为启蒙和基础类课程，课程设置与建筑学专业相同，后 3 年为专业教育。景观设计教研室开设的设计类课程有景观设计初步、城市公共空间环境设计（公园、广场、绿地等）、商业步行街景观规划设计、居住区景观规划设计等，还有园林工程、植物造景设计、景观细部设计和施工图设计等专业技术课程。历史理论类课程有景观设计概论、景观规划设计原理、景观设计思潮与流派等。为加强与社会的联系和进一步深入实践，教学中安排了大量认识实习和实践类课程：植物认识实习、工地实习、古典园林测绘及设计院实习等。此外还开设艺术和其他交叉领域学科选修课加强学生的艺术修养和拓宽知识面。

中央美术学院建筑学院城市规划教研室
课程设置
建筑学院城市规划与设计教研室开设的规划设计和规划理论系列课程有居住区规划设计、城市设计、城市规划设计原理、城市设计原理、城市发展建设史等，这些课程侧重于教授学生有关城市文化、城市形象及规划设计方法等方面的知识，将设计课题置于更为宏观的层面进行探讨，致力于培养学生逐步具备更为理性、全面的设计思维，是对建筑学院设计教学体系连续性及系统性的进一步完善。
城市规划与设计教研室提倡设计课题的设置应体现与社会生活的密切联系和对社会现实的高度关注，对城市文脉的发掘及对文化传统的继承。艺术原创性与建筑设计、城市规划的相互融和，以及城市规划课程与技术类课程及建筑设计主干课程的整合也是教研室始终关注的重点。

中央美术学院建筑历史及理论教研室

课程设置

建筑历史及理论教研室的教学及科研活动着重强调在为学生奠定系统扎实的学科专业理论修养的基础上，在历史文化和艺术理论与建筑及环境艺术设计之间建立密切的相互支持。教师在教授理论课程的同时还参与辅导学生的设计课程，以设计实例进行直观的理论教学，以文化理论及时丰富和补给设计思路，使理论直接服务于设计。同时，力图以建筑理论与文化艺术为媒介形成积极开放的教学视野，一方面广泛汲取设计学、艺术学、美学、历史学、社会心理学、人类学、生态学等相关学科的研究成果，创建多元共生的设计理论教学框架；另一方面，多方引介国内外相关专业的知名专家学者及各类专业书籍，建立学科论坛进行学术交流，营造浓郁的学术氛围。在提倡视野开放的同时，建筑历史及理论教研室的教学及科研活动也极其重视中国传统建筑文化的传承与发展，教师的科研课题涉及中国建筑历史和传统建筑文化的多个领域。

建筑历史及理论教研室的理论课程设置本着由浅入深、循序渐进的原则。从低年级到中高年级，依次安排了入门理论课程如建筑概论等；基础理论课程如外国建筑史（19世纪末叶以前）、外国近现代建筑史、中国古代建筑史、当代世界建筑思潮与流派、当代室内设计思潮与流派、现当代西方景观设计的理论与实践等；然后逐步过渡到高年级的当代建筑与艺术概论、建筑与哲学、中国古典园林概论、专业论文写作等。同时，还开设了中国传统民居文化概论、传统民居与聚落研究等选修课程以加强学生的文化艺术修养和拓宽知识面。

通过建筑历史与理论课程的开设，力图使学生拓宽相关学科的知识，丰富自身的艺术素养，同时也为学生设计水平的提高奠定厚重的文化底蕴，提供翔实的设计资料和范例。经过系统的历史与理论课程的学习，学生应具备扎实历史理论基础、良好的文化修养、活跃的创新思维和艺术灵感，成为具有一定理论水平的建筑设计和学术研究人才。

第 2 章 环艺设计教学体系的比较（横向比较）

中央美术学院建筑学院建筑技术教研室

课程设置

建筑技术是建筑学的重要组成部分，包括建造类技术和环境控制类技术。建筑技术教研室的主要教学宗旨是从这两个方面出发，让学生系统地理解建筑中的技术因素，进而更深刻、更全面地理解建筑的内涵。结合中央美术学院的实际情况，建筑技术教研室把发展重点放在建造与造型的关系研究、光环境艺术研究和绿色建筑技术研究 3 个方向，突出建筑技术在当代建筑发展中的作用。

经过多年整合与尝试，建筑技术教研室已经建立了较综合的技术实验室，并探索出一条适合美院特色的教学体系。技术类课程既包括富有创造力的建筑结构造型设计，也包含适合于国家考试制度的基本概念和练习。

本教研室开设的课程有：结构造型原理与设计、结构体系、建筑设备、建筑材料、建筑物理、照明设计。拟开设的课程有：细部设计、绿色建筑技术原理与设计、建筑物理实验等。

中央美术学院建筑学院本科教学构图

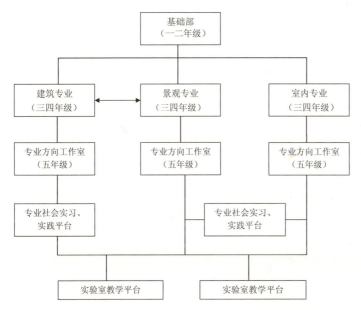

建筑学院课程结构表（基础）

第一学期

年级	时段	9.1	1	2	3	4	5	6	7	8	9	10	11	12	13	14	15	16	17	18	19	20	寒假
一年级	1~4 上午		军训	设计初步1								测试	造型基础1					设计初步2					寒假
	5 上午			建筑概论（8次）									画法几何										
二年级	1~4 下午			建筑设计1									建筑设计2										
	2 下午			建筑结构体系（12次）									建筑设计原理1（6次）										
	5 下午			外国古代建筑史（12次）									建筑构造1（6次）										
三年级	1~4 下午			室内设计1									初步设计4										
	2 下午		建造基础3	中国古代建筑史（12次）									当代建筑思潮与流派（8次）										
	5 下午			建筑物理									建筑设计原理2（6次）										
四年级	1~4 上午			建筑设计4									造型基础3										
	2 下午			城市规划设计原理（8次）									建筑设计原理（8次）										
	5 下午			当代建筑与艺术（12次）									场地设计（6次）										
五年级	1~4 上午		快题训练	工作室课题设计									建筑设计5										
	2 下午												设计师职业知识										
	5 下午												英语专业文献导读（16次）								论文写作		

114

第2章 环艺设计教学体系的比较（横向比较）

建筑学院课程结构表（基础）

		第二学期												第三学期								
	日期 周数	1	2	3	4	5	6	7	8	9	10	1	2	日期 周数	5.15	1	2	3	4	5	6	7	8
一年级	1~4 上午	造型基础2								春季写生				一年级 1~4 上午		建造基础1					设计初步3		
	5 上午	设计表达1（手绘）												5 上午		当代艺术思潮（6次）							
二年级	1~4 下午	建造基础2-结构造型								建筑认识实习		春假		三年级 1~5 上午		专业选修1					专业选修2		
	2~5 下午晚上	外国近现代建筑史																					
三年级	1~4 上午	设计表达2 (CAD、Sketchup)												三年级 1~5 上午		专业选修3					专业选修4		
	2 下午	建筑设计3					工地认识			传统民居测绘实习													
	5 下午	建筑构造2																					
	1~4 上午	建筑材料														设计机构实习							
四年级	1~4 上午	选修课																					
	1 下午	居住小区规划																					
	4 下午	施工图设计																					
		建筑设备																					
	2~5 下午	选修课																					
五年级																毕业设计与论文							
寒假																							

设计初步1：空间形态研究
设计初步2：制图与识图
设计初步3：空间形态研究
设计初步4：建筑作品分析
造型基础1：几何见大素描
以小见大素描
造型基础2：抽象素描与色彩
造型基础3：综合创作
建造基础1：建构实验
建造基础2：结构造型
建造基础3：建造设计

建筑学院课程结构表（建筑）

第一学期

日期	9.1																				寒假
周数	1	2	3	4	5	6	7	8	9	10	11	12	13	14	15	16	17	18	19	20	
一年级 1~4上午	军训	设计初步 1									测试	设计初步 4				造型基础 1					
一年级 5上午		建筑概论（8次）										造型基础 3				设计初步 2					
一年级 1~4下午		建筑设计 1														画法几何					
二年级 2下午		建筑结构体系（12次）														建筑设计原理 1（6次）					
二年级 5下午		外国古代建筑史（12次）														建筑构造 1（6次）					
三年级 1~4下午	建造基础 3	室内设计 1										建筑设计 2									
三年级 2下午		中国古代建筑史（12次）														建筑设计原理 2（6次）					
三年级 5下午		建筑物理										当代建筑思潮与流派（8次）									
四年级 1~4上午	快题训练	建筑设计 4										建筑设计 5									
四年级 2下午		城市规划设计原理（8次）										城市设计原理（8次）									
四年级 5下午		当代建筑与艺术（12次）										场地设计（6次）									
五年级 1~4上午		工作室课题设计																			
五年级 2下午																设计师职业知识				论文写作	
五年级 5下午		英语专业文献导读（16次）																			

第2章 环艺设计教学体系的比较（横向比较）

建筑学院课程结构表（建筑）

第二学期

	日期	周数	1	2	3	4	5	6	7	8	9	10	1	2
一年级	1~4上午		造型基础2								春季写生			
			设计表达1（手绘）											
	5上午		阴影透视											
二年级	1~4下午		建造基础2								建筑认识实习		春假	
	2~5下午		外国近现代建筑史											
	晚上		设计表达2 (CAD, Sketchup)						工地认识					
三年级	1~4上午		建筑设计3								传统民居测绘实习			
	2下午		建筑构造2											
	5下午		建筑材料											
四年级	1~4上午		选修课 注1											
	1下午		居住小区规划											
	4下午		施工图设计 　 建筑设备											
	2~5下午		选修课 注2											
五年级			毕业设计与论文											

寒假

第三学期

	日期	周数	5.15	1	2	3	4	5	6	7	8
一年级	1~4上午			建造基础1				设计初步3			
	5上午			当代艺术思潮（6次）							
二年级	1~5上午			专业选修1				专业选修2			
三年级	1~5上午			专业选修3				专业选修4			
				设计机构实习							
				毕业设计与论文							

建筑设计1： 小型建筑设计

建筑设计2： 中型重复单元建筑设计

建筑设计3： 中型综合建筑设计

建筑设计4： 集合住宅设计（住宅设计原理）

建筑设计5： 大尺度建筑设计

注1：当代景观设计思潮与流派（周一）/室内设计风格史（周四）
注2：当代建筑与哲学（周二）/中国传统建筑文化概论（周五）

建筑学院课程结构表（室内）

第一学期

日期		9.1	1	2	3	4	5	6	7	8	9	10	11	12	13	14	15	16	17	18	19	20
一年级	1~4 上午	军训						设计初步1								造型基础1					寒假	
	5 上午						建筑概论（8次）				测试					设计初步2				画法几何		
二年级	1~4 下午				建造基础3		建筑设计1								设计初步4 / 造型基础3						
	2 下午						建筑结构体系（12次）								现代建筑空间研究（6次）							
	5 下午						外国古代建筑史								建筑构造1（6次）							
三年级	1~4 下午				室内材料质设计		室内设计1						中型建筑设计			室内色彩设计		大师作品分析（6次）				
	2 下午				设计表达3（3DMAX）		中国古代建筑史（12次）															
	5 下午				当代建筑与艺术		建筑物理（8次）								当代建筑思潮与流派（8次）							
四年级	1~4 上午						室内设计2						室内设计3			室内光环境设计						
	2 下午												公共空间室内设计理论			设计表达4（渲染技法）						
	5 下午																					
五年级	1~4 上午				快题训练								工作室课题设计									
	2 下午												设计师职业知识					论文写作				
	5 下午												英语专业文献导读（16次）									

第2章　环艺设计教学体系的比较（横向比较）

建筑学院课程结构表（室内）

年级	日期/周数	第二学期 1	2	3	4	5	6	7	8	9	10	1	2	日期/周数	第三学期 5.15	1	2	3	4	5	6	7	8
一年级	1~4 上午	造型基础 2								春季写生				1~4 上午		建造基础 1						设计初步 3	
	5 上午	设计表达 1（手绘）												5 上午		当代艺术思潮（6次）							
二年级	1~4 下午	阴影透视				建造基础 1				建筑认识实习				1~5 上午		专业选修 1					专业选修 2		
	2~5 下午晚上	外国近现代建筑史				设计表达 2（CAD、Sketchup）				工地认识													
										春假													
三年级	1~4 上午	景观设计 1								专业写生调研				1~5 上午		专业选修 3					专业选修 4		
	2 下午	室内设计概论																					
	4 下午	室内设计风格史（8次）																					
四年级	1~5 上午	选修课程 1														设计机构实习							
	1 下午	室内设计 4																					
五年级	2~5 下午	建筑施工图设计				建筑设备				选修课程 2						毕业设计与论文							
		寒假																					

室内设计1：住宅室内设计
室内设计2：办公空间室内设计
室内设计3：专卖店室内设计
室内设计4：餐饮空间（公共空间）室内设计

注1：西方景观设计思潮与流派（周一）/景观设计概论（周五）
注2：当代哲学（周二）/中国传统建筑文化概论（周五）

建筑学院课程结构表（景观）

第一学期

日期	9.1																				寒假
周数	1	2	3	4	5	6	7	8	9	10	11	12	13	14	15	16	17	18	19	20	
一年级 1~4上午	军训				设计初步1					测试					造型基础1			设计初步2			
2下午					建筑概论（8次）										画法几何						
5上午																					
二年级 1~4下午	建筑设计1													设计初步4		造型基础3		建筑设计原理1（6次）			
2下午	建筑结构体系（12次）												建筑构造1（6次）								
5下午	外国古代建筑史（12次）																				
三年级 1~4上午	建造基础3			室内设计1（12次）									建筑设计1			建筑设计原理2（6次）					
2下午	中国古代建筑史（12次）												当代建筑思潮与流派（8次）								
5下午	建筑物理（8次）																				
四年级 1~4上午	景观设计2									景观设计3						城市设计原理（8次）					
2下午	城市规划设计原理（8次）											当代建筑与艺术（12次）				场地设计1（6次）					
5下午	当代建筑与艺术（12次）																				
五年级 1~4上午	快题训练			景观规划设计原理（8次）								工作室课题设计									
2下午												设计师职业知识						论文写作			
5下午	英语专业文献导读（16次）																				

第2章 环艺设计教学体系的比较（横向比较）

建筑学院课程结构表（景观）

	日期/周数	第二学期 1 2 3 4 5 6 7 8 9 10	寒假 1 2	第三学期 5.15 1 2 3 4 5 6 7 8
一年级	1~4上午	造型基础2　设计表达1（手绘）　春季写生		建造基础1　设计初步3
	5上午	阴影透视		当代艺术思潮（6次）
二年级	1~4下午	建造基础1　外国近现代建筑史　工地认识　建筑认识实习	春假	
	2~5下午 晚上	设计表达2（CAD、Sketchup）		
三年级	1~4上午	景观设计1　西方当代景观思潮与流派		专业选修1　专业选修2
	5下午	景观设计概论　专业写生调研		
四年级	2~4下午	选修课注1　景观设计4		专业选修3　专业选修4
	1~4上午	景观施工图设计		设计机构实习
	4下午	植物种植设计（6次）		
	2~5下午	选修课注2		
五年级		毕业设计与论文		

景观设计1： 景观设计初步

景观设计2： 城市公共空间景观设计

景观设计3： 商业步行街景观规划设计

景观设计4： 居住区景观规划设计

注1：室内设计概论（周二）/室内设计风格史（周四）

注2：当代建筑哲学（周二）/中国传统建筑文化概论（周五）

2.3.4　广州美术学院环境艺术设计系模式

在学科建设方面，从 1993 年起，"设计学科"就已被列入广东省省级重点学科，是广东省各院校中在设计学科领域的唯一重点学科。

从 20 世纪 80 年代改革开放以来，广州美术学院设计学科在尹定邦、王受之等设计教育专家带领下，把握广东经济发展社会进步的脉搏，从现代设计教育改革的需要和学科自身的发展规律出发，从更新教育观念出发，改革创新。从"三大构成"课程的引进，到现代设计教育体系的建立；从对工艺美术学科的改造，到产、学、研紧密结合的模式在中国现代设计教育中成功的实践，设计学科在国内众多的艺术设计院校中发挥了"改革先锋队"的作用。我国高等设计教育所发生的若干重大变革，都与广州美术学院设计学科的动态联系在一起：

北湖九号，设计师：蔡文齐、林学明、陈向京、曾芷君、梁建国、张宁（《影响广州室内二十年二十人》室内中国杂志社编，海天出版社）

（1）中国现代设计教育的重要标志——"三大构成"课程发祥地之一；

（2）我国现代工业设计理论发祥地之一；

（3）中国现代设计教育中产学研紧密结合的成功模式发祥地之一。

正是由于广美设计学科对我国设计教育所作出的贡献和国内同类高校中的学术地位的不断提升。1995 年，改革开放以来我国第一次设计教育高峰论坛"跨世纪的中国高等设计教育研讨会"在广州美术学院以现场会的形式召开。

设计学院建筑与环境艺术设计专业创建于 1986 年，并于 1996 年

第 2 章　环艺设计教学体系的比较（横向比较）

北湖九号，设计师：蔡文齐、林学明、陈向京、曾芷君、梁建国、张宁（《影响广州室内二十年二十人》室内中国杂志社编，海天出版社）

建系，命名为"环境艺术设计系"。2004 年，根据学科发展的需要，增设建筑设计专业方向，由学院批准，正式更名为"建筑与环境艺术设计系"。至 2010 年，将现有"建筑与环境艺术设计系"扩展为"建筑系"（招收本科生 120 人）、"环境艺术设计系"（招收本科生 240 人）。

该专业在第一届就实行两年淘汰制，即经过选拔，两年毕业一批专科生，剩下约三分之一优秀的学生升入本科，并被学校送去华南理工大学建筑系进修半年相关建筑课程。据笔者采访当时第一届的毕业生数人（现除个别留校外全部是私营设计专业公司老板）介绍，华南理工学院的进修给予他们最大的帮助是思维方法的转变：美术学院训练学生更多的是感性的形象思维，而建筑学院训练学生更多的是理性的抽象思维。而工程设计的确是需要这两方面的基本素质融于一体。

专业创建之初，以该专业教师为基础成立的"广东省集美设计工程

环境艺术教学控制体系设计

岭湖山庄度假宾馆,设计师:梁永标(《影响广州室内二十年二十人》室内中国杂志社编,海天出版社)

佛山宾馆,设计师:吴卫光(《影响广州室内二十年二十人》室内中国杂志社编,海天出版社)

第 2 章　环艺设计教学体系的比较（横向比较）

设计师：崔华峰（《影响广州室内二十年二十人》室内中国杂志社编，海天出版社）

公司"，成为国内高校教学单位中最早探索现代设计实践教学与经营的知识群体。从此，该系产、学、研一体化的教学队伍及其教学成果，一直在社会上有良好的反映，十几年来成为中国建筑与环境艺术教学的一支重要力量。该系学生近年来的作品在国内外竞赛、评比中取得了优异成绩。2003 年至 2004 年连续两年获得全国高校环境艺术设计专题年毕业设计作品评比金奖，广东省首届大学生建筑设计竞赛金奖。该系 2005 届毕业生的建筑设计研究作品《风的住宅——热舒适住宅研究》刊登在 2005 年第 6 期的英国牛津布鲁克斯大学杂志《be》封面，获国际权威刊物首肯。

经过近 20 年的发展，建筑与环境艺术设计系的课程内容不断更新，在教学模式上作了大量的探索和改革，始终致力于发展在本学科的前沿方向，在追求设计理想和服务社会之间寻找合理的会合点。培养具有不同定向目标的、具备活跃设计思维和实践能力的、从事建筑设计、室内设计及景观设计的"泛空间设计"应用型人才和高端设计研究、管理人才。

目前，建筑与环境艺术设计系有建筑、室内、景观3个专业设计方向，拥有专业教师20名，其中教授2人、副教授6人、讲师6人、助教6人。另有5名国内外著名专家学者受聘为本系客座教授。

红线女艺术中心，设计师：赵健（《影响广州室内二十年二十人》室内中国杂志社编，海天出版社）

广州美术学院环境设计系是最早引入设计教育体系和进行设计教育改革的院校。较早地将市场的需求与设计教学紧密结合，不断调整教学内容以适应经济发展的需求，并以"教学汇报展"的形式在北京举办过大规模的设计成果展，对当时的中国设计领域产生了不小的震动。成功的教学实践，吸引着同行们的目光，今天的环境艺术设计系，无论在师资实力还是教学水平上，均在全国有较好的口碑。

广州美术学院环境艺术设计系的成长是建立在实战实践经验累积的基础上，以工程设计实践带动教学，由于老教授们带着刚出校门的年轻人与来自其他院校的精英，把多方面的知识带入市场，把自己的设计思想放到社会实践之中去验证，从中积累一手经验和实践心得，使得广美的环境设计系教师面对市场得心应手。他们的实践又常常和教学结合起来进行，使得学生在学校就接触到工程设计和施工实践的直接经验，使得他们的毕业生能在毕业后更快的适应市场。

他们在实践中的优秀设计作品在全国美展中获得许多金奖、银奖、铜奖等奖项。在某种程度上说，这些优秀的设计作品的获奖具有了科研的价值认同，但是要全面建立自己的设计理论体系和学术框架尚需要时间的沉淀并逐步完善。总结自己的经验，并将其提炼、归纳以及上升到理论和学术层面，来实现另一种专业认识程度上的深刻是有必要的。

漓江出版社，设计师：赵健（《影响广州室内二十年二十人》室内中国杂志社编，海天出版社）

环境艺术教学控制体系设计

松园宾馆，设计师：王河、梁凤玉、程晓宁、钟立、何毅洪、梁秀华（《影响广州室内二十年二十人》室内中国杂志社编，海天出版社）

以下是广州美院的建筑与环境艺术设计系本科培养计划中的主要课程设置：

4年制本科生

教学模式：1+3制。

第2章 环艺设计教学体系的比较（横向比较）

第一学年	"设计基础"板块由设计学院基础部统一教学，主要课程有：	平面色彩构成、空间形态、观察记录、思维表达、创意表达、设计社会学、审美心理学、当代艺术与设计、信息方法、设计史等		
第二至第四学年	第二至四学年由建筑与环境艺术设计系组织教学，主要有三大板块的专业课程有：	专业基础课	设计初步、建筑图学、模型基础、建筑结构与造型、环境工学、设计实施、设计表达	
		专业理论课	空间设计方法、设计策划、空间设计概念、空间设计史	
		专业设计	建筑设计创意篇、建筑设计深化篇、室内设计创意篇、室内设计深化篇、景观设计创意篇、跨专业设计专题、毕业设计与论文专题（含专业考察）	

注：在4年学习中，学生必须按规定修完所有规定的必修课和选修课程，且所有成绩均达到60分以上或"合格"方可准予毕业并得到本科毕业证书；毕业设计和毕业论文成绩均达到75分以上方可得到学士学位。

2.3.5 同济大学室内设计专业模式

1986年同济大学在校内建筑学院设立室内设计专业，是我国建筑院校中最先研究室内设计教育的工科类大学之一。拥有高水平的设计教育师资力量，教师队伍中有相当一部分专业教师先后在日本、德国、美国、法国留学研修，与日本东京造型大学、千叶大学，德国卡萨尔大学、柏林艺术大学，中国香港理工大学等众多国际同类院校保持长久的友好交流关系。同济大学在20世纪80年代率先开设了《工业设计史》、《设计概论》、《人体工学》、《三大构成》等一系列新的课程，以全新的观念进行基础设计和专业设计的教学，注意培养学生的创造性思维能力和动手能力。1995年编写了轻工大学第一部设计教学大纲，在很大程度上推动了整个中国设计教育的发展。

以下是同济大学建筑学专业室内设计方向培养计划：

学制

5年制本科

培养目标

本专业培养适应国家建设和社会发展需要，德、智、体全面发展，基础扎实、知识面广、综合素质高，具备建筑师和室内设计师职业素养，并富于创新精神的国际化高级专门人才及专业领导者。本专业毕业生能够从事建筑设计、室内设计及室外环境设计工作，也可从事相关领域的理论研究、教学和管理工作。

公共基础理论知识

- 了解计算机技术与文化，以及计算机程序设计的基本语言及方法。
- 了解多媒体及网络技术的基本知识和应用方法。
- 掌握计算机技术在本专业领域的程序的操作应用技能和方法。
- 掌握一门外国语，具有一定的听、说、读、写的能力。
- 掌握高等数学的基本原理和分析方法。
- 掌握建筑力学的基本原理和方法。
- 掌握画法几何和阴影透视的基本原理和方法。

- 了解建筑物理声、光、热的基本理论和设计方法。
- 了解建筑给排水、电气、空调等相关建筑设备的基本知识在建筑设计中的综合运用方法。
- 掌握美术的基本知识和技法。
- 掌握文学的基本知识和理论。
- 了解人类文化及经济管理等领域的相关基本理论与知识。

学科基础知识

- 掌握建筑设计的基本原理和方法，包括建筑设计基础、公共建筑设计原理、居住建筑设计原理，室内设计原理等。
- 掌握室内设计的基本原理方法，包括公共建筑室内设计原理、居住建筑室内设计原理、旧建筑改造设计原理等。
- 掌握建筑设计制图的基本原理和方法。
- 掌握建筑画和室内设计基本原理和技法。
- 了解中国建筑的基本特征及其演变过程。
- 了解外国建筑的基本特征及其演变过程。
- 了解当代中外主要建筑流派和思潮的理论和影响。
- 掌握城市设计、园林设计的基本原理和方法。
- 掌握建筑环境调查和研究分析的方法。
- 了解与建筑有关的经济知识、法律和法规以及现行有关城市和建筑设计的法规与标准。
- 了解人的生理、心理以及行为与建筑室内外环境的相互关系。
- 了解自然条件和生态环境与建筑设计和室内外的相互关系。
- 了解建筑设计在预防灾害的法规与标准。
- 了解常用建筑材料、装饰材料及新建筑材料的性能，并能在建筑设计和室内设计中合理选用，进行创意化表达。
- 了解建筑构造和装修构造的基本原理和构造方法。
- 了解建筑体系，掌握常用建筑结构构件的性能，能合理地进行选择和布置，并能了解它对建筑的安全、可靠、经济、适用、美观的重要性。
- 了解边缘学科与交叉学科的相关知识。

专业知识
- 掌握建筑设计的理论和方法，并能快速完成建筑方案设计。
- 掌握室内设计的理论和方法，并能快速完成室内方案设计。
- 掌握应对特殊环境和特殊条件的建筑设计理论和方法。
- 掌握居住环境的设计方法。
- 掌握建筑特种构造和装修构造的原理和设计方法。
- 了解建筑评论的原理和方法。
- 了解初步设计和施工图设计的要求和方法。
- 了解建筑师和室内设计师的职业特点和职业道德。

毕业生应获得的知识和能力

（1）自学能力
- 具有查阅文献信息、了解本学科及相关专业的科技动态和不断拓宽知识面、提高自身业务水平的能力。

（2）业务能力
- 具有一定建筑项目策划、参与组织可行性研究的能力。
- 理解和掌握环境，包括城市环境和自然环境、物质环境和人文环境，室内环境和室外环境与建筑设计的关系。
- 有能力根据不同的使用要求和设计条件，合理进行设计并能快速完成。
- 有能力根据建筑设计和室内设计的不同阶段，用多种恰当的方式表达设计意图。
- 具备用语言和文字充分表达设计意图的能力。
- 具有运用计算机辅助设计的能力。
- 具有一定的建筑模型制作能力。
- 具有比较顺利地阅读本专业外文书刊资料和外语听、说、写的初步能力，并初步具备与国外同行合作交流的能力。

（3）管理能力
- 具有一定的设计组织能力，能够熟悉和协调建筑工程各工种间的关系。

・具有一定的对外公关、对内组织管理的能力。

主干学科

建筑设计及其理论、室内设计方向、建筑理论与历史、建筑技术学科。

主要课程

（1）设计系列课程

包括建筑设计基础、建筑设计、室内设计、室内设计公司实习和毕业设计等。

（2）理论系列课程

包括建筑概论、建筑设计原理、园林设计原理、室内设计原理、建筑史、建筑理论与历史、建筑评论等。

（3）技术系列课程

包括建筑结构、建筑物理、建筑设备、建筑材料、建筑构造、建筑特殊构造、构造技术应用。

美术系列课程

包括美术、美术实习等。

主要实践环节

军训、美术实习、建筑环节实录、室内设计公司实习、毕业设计（论文）等。

相近专业

城市规划、历史建筑保护工程、风景园林、艺术设计。

毕业与授予学位

本专业学生须按培养计划要求修读各类课程，总学分达到 220.5 学分，方可毕业。本专业所授予学位为建筑学学士。

教学安排一览表

见附表一、附表二、附表三、附表四。

课程性质代号

通识教育课程代号 A1（必修）、A2（限选）、A3（任选）；

基础课程代号 B1（必修）、B2（限选）、B3（任选）；

学科基础课程内学院或专业大类平台课程代号 C1（必修）、C2（限选）、C3（任选）；

学科基本课程内跨学科基础课程代号 D1（必修）、D2（限选）、D3（任选）；

专业特色课程内专业基础课代号 E1（必修）、E2（限选）、E3（任选）；

专业特色课程内专业课代号 F1（必修）、F2（限选）、F3（任选）。

各类选修课要求

（1）限选课

限选课指定课程类型的选修课，课程类型中有数门课者选修其一。

（2）任选课

通识教育任选课应修满 10 学分，选修时应符合学生选修通识教育任选课的具体要求。跨学科基本任选课程规定在专业 14、15 大类平台以外选课。专业特色课程任选课规定在历史建筑保护工程、城市规划、风景园林专业特色课程中选课，或在对本科生开放的学院研究生课程中选课。

附表一
建筑学室内设计专业 5 年制教学安排一览表

课程性质	课程编号	课程名称	考试/查	学分	学时	上机时数	实验时数	各学期周学时分配									
								一	二	三	四	五	六	七	八	九	十
一、通识教育与基础课程																		
A1	020005	电脑应用基础（1）	查	1.0	17							1					
A1	020006	电脑应用基础（2）	查	1.0	17									1			
A1	021121-60	形式任务	查	0.0				1	1	1	1	1	1	1	1	1	1
A1	070373	中国近现代史纲要	试	2.0	34			2									
A1	070374	思想道德修养与法律基础	试	3.0	34					2							
A1	078057	毛泽东思想、邓小平理论和"三个代表"	试	6.0	51							3					
A1	070376	马克思主义基本原理	试	3.0	34								2				
A1	072148	大学语文	查	2.0	34			2									
A1	100096	大学计算机基础	查	2.5	34			2									
A1	101096	VB	查	2.5	34				2								
A1	122006	高等数学（C）上	试	3.0	51			3									
A1	122007	高等数学（C）下	试	3.0	51				3								
A1	320001-6	体育	查	5.0	170			2	2	2	2	1	1				
A1	360011	军事理论	查	1.0	17			1									
A1		大学英语	试	14.0	238			4	4	3	3						
A2	100115	多媒体技术与应用	查	2.5	34										2		
A2	100117	Web 技术与应用	查	2.5	34									2			
A3		通识教育任选课	查	10.0	227												
B1	021144	建筑构造	试	2.0	34						2						
B1	023050	建筑物理（声光热）	查	3.0	51							3					

续表

课程性质	课程编号	课程名称	考试/查	学分	学时	上机时数	实验时数	各学期周学时分配									
								一	二	三	四	五	六	七	八	九	十
B1	023052	建筑法规	试	1.0	17									1			
B1	023165	建筑设备（水暖电）	查	2.0	34									2			
B1	023173	美术（1）	查	2.0	34			2									
B1	023174	美术（2）	查	2.0	34				2								
B1	023175	美术（3）	查	2.0	34					2							
B1	023176	美术（4）	查	2.0	34						2						
B1	031158	建筑构造（1）	试	3.0	51							3					
B1	031159	建筑构造（2）	试	3.0	51								3				
B1	031162	画法几何及阴影透视	查	3.0	51			3									
B2	021115	人体工程学	查	2.0	34										2		
B2	021303	环境控制学	查	2.0	34										2		
应选学分					A1=49　A2=2.5　A3=10　B1=25　B2=2　B3=0													

二、学科基础课程

课程性质	课程编号	课程名称	考试/查	学分	学时	上机时数	实验时数	一	二	三	四	五	六	七	八	九	十
C1	021180	设计概论	查	2.0	34			2									
C1	021085	建筑概论	查	2.0	34				2								
C1	021003	建筑史	试	3.0	51				3								
C1	021181	建筑构成原理	查	1.0	17					1							
C1	021051	建筑设计原理	查	1.0	17						1						
C1	021182	设计基础	查	3.0	51			3									
C1	021183	建筑设计基础	查	3.0	51					3							
C1	021284	建筑构成	查	3.0	51						3						
C1	021285	建筑设计	查	3.0	51							3					
C1		室内设计原理	试	2.0	34								2				
C1	125141	建筑力学	试	3.0	51					3							
C3		学科基础任选课	查	2.0	34												
D3		跨学科任选课	查	2.0	34												

续表

课程性质	课程编号	课程名称	考试/查	学分	学时	上机时数	实验时数	一	二	三	四	五	六	七	八	九	十
应选学分				C1=26	C2=0	C3=2	D1=0	D2=0	D3=2								
三、专业特色课程																	
E1	021030	建筑评论	查	2.0	34										2		
E1	021173	专业英语（1）（建筑学）	试	2.0	34							2					
E1	021174	专业英语（2）（建筑学）	试	2.0	34									2			
E1	021297	建筑师职业教育	查	2.0	34										2		
E1	020135	公共建筑设计原理	查	1.0	17							1					
E1	020136	居住建筑设计原理	查	1.0	17									1			
E1	023051	建筑防灾	试	1.0	17										1		
E1	031160	建筑力学	试	3.0	51						3						
E1	021324	室内环境表现	查	2.0	34							2					
E2	021074	建筑装饰艺术	查	2.0	34									2			
E2	021300	家具与陈设	查	2.0	34									2			
E2	021803	建筑结构造型	查	2.0	34									2			
E2	022034	园林设计原理	查	2.0	34										2		
E2	022103	中国传统家具与文化	查	2.0	34							2					
E2	022104	室内照明艺术	查	2.0	34							2					
F1	021145	建筑特殊构造	查	1.0	17							1					
F1	020137	高层建筑设计	查	2.0	34									2			
F1		公共建筑室内设计	查	2.0	34										2		
F1		特殊类型室内设计	查	2.0	34										2		

续表

课程性质	课程编号	课程名称	考试/查	学分	学时	上机时数	实验时数	一	二	三	四	五	六	七	八	九	十
F1	021179	构造技术运用	查	1.0	17					1							
F1	020119	公共建筑设计	查	2.0	34							2					
F1	020120	群体建筑设计	查	2.0	34								2				
F1	022094	建筑理论与历史(1)	试	2.0	34									2			
F1	022095	建筑理论与历史(2)	试	3.0	51											3	
F1		居住建筑设计	查	2.0	34									2			
F1	020131	人文环境与建筑设计	查	2.0	34							2					
F1		室内设计初步	查	2.0	34								2				
F1		材料与设计创新	查	2.0	34								2				
F2	020121	中外建筑交流	查	2.0	34								2				
F2	020133	材料病理学	查	2.0	34								2				
F2	020134	国际保护文献导读	查	2.0	34								2				
F2	022033	城市设计原理	查	2.0	34								2				
F3	024200	中外园林史	试	2.0	34							2					
F3	022294	城市建筑史	试	2.0	34								2				
应选学分					E1=14 E2=8 E3=0 F1=23 F2=2 F3=2													

附表二

实践环节安排表

序号	课程编号	名称	学分	学期	周数	上机时数	备注
1	021033	建筑认识实习	1.0	2	1周		
2	021149	历史环境实录	3.0	6	3周		
3	021169	美术实习1	2.0	2	2周		
4	021170	美术实习2	2.0	4	2周		
5		室内设计公司	17.0	9	17周		
6	021304	设计周（1）	1.0	4	1周		
7		设计周（室内）	1.0	6	1周		
8	021329	建筑快题设计	3.0	8	3周		
9		毕业设计（室内）	17.0	10	17周		
10	360002	军训	2.0	2	3周		
合计应选学分			49.0学分				

附表三

学时、学分汇总表

课程性质	类别	学时	学分	必修课学分	选修课学分	
					限选	任选
通识教育与基础课程	通识教育课程	1162.0	61.5	49.0	2.5	1.0
	基础课程	459.0	27.0	25.0	2.0	0.0
学科基础课程	学院或专业大类平台课程	476.0	28.0	26.0	0.0	2.0
	跨学科基础课程	34.0	2.0	0.0	0.0	2.0
专业特色课程	专业基础课程	408.0	26.0	18.0	8.0	0.0
	专业课程	493.0	27.0	23.0	2.0	2.0
合计		3032.0	171.5	141.0	14.5	16.0

附表四

课外安排一览表

序号	课程名称或内容	周学时	学期	要求
1	多媒体技术与应用、课外上机	1.0	7	
2	Web技术与应用、课外上机	1.0	6	
3	美术课外	1.0	1~4	
4	电脑应用基础（1）	1.0	5	
5	电脑应用基础（2）	1.0	6	
6	设计基础	2.0	1	
7	建筑设计基础	2.0	2	
8	建筑构成	3.0	3	
9	建筑设计	3.0	4	
10	公共建筑设计	2.0	5	
11	人文环境与建筑设计	2.0	5	
12	室内设计初步	2.0	6	
13	群体建筑设计	2.0	6	
14	高层建筑设计	2.0	7	
15	公共建筑室内设计	2.0	8	
16	特殊类型室内设计	2.0	8	
17	居住建筑设计	2.0	7	
18	大学计算机基础、课外上机	1.0	1	
19	计算机程序设计语言、课外上机	1.0	2	
20	军事理论、课外	1.0	2	
21	思想道德修养和法律基础	1.0	2	
22	毛泽东思想、邓小平理论和"三个"代表	3.0	3	
23	马克思主义基本原理	1.0	5	

2.3.6 综合院校及师范院校类模式

综合院校及师范院校办环境艺术设计专业相对专业院校而言普遍较晚。这些院校多半在20世纪90年代后期开始，陆续开始办该专业。随着"文革"后刚恢复高考每年招生额的20多万人，到现在2009年高考招生额的600多万人，我国的高等教育发生了翻天覆地的巨大的变化，具体到一级学科艺术学以下各专业（在这里主要是指美术与艺术设计专业），则绝大部分是设计艺术学所含各专业的扩招、扩建及新设。截至2007年，我国共有普通高等院校和成人高等院校2321所，全国各类高等教育总规模2700万人[①]，截止到2007年，"其中在全国有案可稽的1247所设计院、系中，在校生110万人"（据中央美术学院许平教授2007年调研报告），[②] 即目前全国53.7%的高等院校开设有设计类专业（主要集中在东部发达地区），而在设计艺术学所含各专业中又以环境艺术设计专业新建及扩招最多。面对市场对环境艺术设计人员大量需求的现状，不仅原来的传统美术学院大力发展环境设计专业，传统的师范院校也在原美术教育专业的框架下大举扩展该设计专业的设置，各综合院校更是在市场巨大利益的吸引下，纷纷开设环境艺术设计专业。在我国东部经济发达地区，所有的美术学院，几乎每个师范院校、工学院以及综合大学都开设有环境艺术设计类专业。在大城市，几乎每个院校都有环境艺术设计类专业。以上海、广州、杭州为例，复旦大学、同济大学、上海交大、华东师大、东华大学、上海师大、上海大学、中山大学、华南理工大学、华南师大、华南农大、暨南大学、广东工业大学、广州大学、浙江大学、杭州师范大学、浙江工业大学、中国计量学院、浙江理工大学、浙江林业大学、浙江工商大学……从"985"到"211"再到普通大学，以至职业技术学院都设有环境设计专业。

从多方调研了解到，师范院校里面的环境艺术设计专业教育模式普遍受到师范院校美术教育模式的影响。许多师范院校至今依然是沿用传

---

① 摘自《中国教育报》2008年5月5日，中华人民共和国教育部《2007年全国教育事业发展统计报告》。
② 宋建明，王雪青主编，《匠心文脉》；宋建明，《匠心行修三十年》，p.221。

统师范美术教育的"二二制"①的教学制度,这严重违背了环境艺术设计专业的教学特点。环艺专业属于交叉学科,涉及专业门类较多,课时量大;实践门类也较多,耗时量也大,花两年时间在目的性不强的各类绘画课上,学生真正学习环艺专业的时间仅剩一年半(最后半年毕业设计,毕业论文,实习,联系工作),学生的专业知识结构实际上是一个大拼盘儿,什么都会一点儿,但样样拿不起来。不仅如此,无论在行政管理还是在专业师资结构等诸方面,受师范美术教育影响较深,由于传统师范办学造成了师范院校的美术学院师资结构基本是以各类绘画专业教师为主,开办新的环境艺术设计专业后,由于现存人事体制的制约,许多原来绘画专业的教师转到环境艺术设计系任教,甚至担任系领导,这不但在短期内影响了环境艺术设计系的办学质量,更是长期影响到师范院校环境艺术设计系的专业办学思想和理念。

综合大学的环境艺术设计专业教育模式不像师范院校那样有太多的前期办学后遗症以及"传统"的影响,它没有历史,也就没有负担,但是它也有它自己的问题。综合大学办环境艺术设计专业普遍开设较晚,大部分院校办此专业的时间至今为止一般不超过10年,教师来源复杂,在教学结构和师资结构上需要整合的时间还很长,一个专业要办出自己的特点及走向正规不是在短时间内就可以完成的。所以,在综合大学和师范类院校,设计类专业普遍不受学校上层重视,这就造成了一种现象:综合大学的环境艺术设计类专业和其他设计专业一样,无论是所在学校是"985"还是"211",抑或是一般的普通大学,大家都要办,原因一是市场有需求;二是学费高。但其无论在学校内部还是在国内的本专业圈内皆不受重视,原因自然是因为新办专业的教学及科研呈弱势(清华大学美术学院和江南大学设计学院是两个例外)。②

---

① 传统师范院校的"二二制"是在本科的前两年所有学生不分专业,学习国、油、版、雕各种绘画基础以及部分设计基础,进入三年级后开始选专业,直到毕业。师范院校的"二二制"是在计划经济体制下,专为培养中学师资而设置的教学模式,至今许多师范院校仍在使用。本文作者注。

② 中央工艺美术学院于1999年并入清华大学,更名为清华大学美术学院,它从过去到现在一直代表了国内设计教学领域的最高水平。江南大学前身无锡轻工业大学和中央工艺美术学院同属原轻工部管辖,在轻工部属期间,轻工部不断从两校设计专业派遣教学人员前往德国、日本、法国、美国等设计发达国家留学,从而打下了良好的师资、教学及科研基础。本文作者注。

2.4 专业与非专业院校的比较（专业水平）

在过去计划经济体制下，一般的综合院校没有美术及环境艺术设计类专业。师范院校的美术系一般仅限于美术教育专业，目标是为中学美术课程培养师资，由国家按计划分配。中学的美术课程重在培养学生的审美趣味和美术素养，属于启蒙和普及性质，因此，并没有明确的专业方向。与此相对应，师范院校的美术教育专业前两年的课程设置是一样的，即这两年里的课程设置是对美术领域的各专业包括设计均有涉猎，宽泛且杂乱，只有在最后两年，才根据自己的师资结构和学生自己的专长爱好，让学生选择专业方向，直到毕业。在这样的美术教育结构下，学生的专业结构是涉猎很多，但是无一精通。如果这些美术教育专业的毕业生真的能去中学教书也就算人尽其才了。问题是，师范类院校的设计专业也用这样宽泛而无一精通的模式培养设计类学生，那就大大违背了设计市场对设计人才知识结构的要求，毕竟设计专业毕业生是针对设计市场的而非针对中小学校师资的。

开设专业就有个就业问题。大学毕业生早已没有计划分配，20世纪90年代已经逐渐实行用人单位和毕业生双向选择，也就是高校毕业生已由计划分配向人才市场转变。现在的人才培养与使用，除了一些特殊专业外早已完全市场化。大学生充分就业已经成了一个社会问题，在这个前提下，设计专业从扩招前的重视设计专业的数量，到现在应该转为重视质量和内涵发展。但令人感到遗憾的是：许多传统师范院校仍然用美术师范教育专业的模式来办设计教育，普通综合大学由于师资力量、专业积淀等多方面的因素，在设计专业教学方面都不同程度地呈现出不尽如人意的地方。

2.4.1 分析目前国内非专业院校环艺设计专业的课程设置
师范院校环艺课程的设置现状调查

师范类院校【华南师范大学05级艺术设计专业（环艺设计方向）】课程结构比例表

课程类别		学时数	占总学时比例	学分数	占总学分比例
综合教育课	必修课	704	16.8%	38.5	19.8%
	选修课	160	3.8%	9	4.6%
学科基础课		681	16.2%	25	12.8%
专业必修课		1112	26.5%	44	22.6%
专业选修课		1544	36.8%	57.5	30%
实践及毕业论文（设计）		31周		20	10.2%
总　计		4201	100%	194	100%

师范类院校【华南师范大学05级艺术设计专业（环艺设计方向）】课程方案表

课程类别	课程编码	课程名称	学分数	学时数 合计	理论学时	实践学时	一 14	二 18	三 13	四 18	五 18	六 18	七 8	八 16	备注
综合教育课 必修课	44C18451	思想道德修养与法律基础	2.5	48	32	16	2~1								
	44C18541	中国近现代史纲要	2	32	32			2							
	44C18691	毛泽东思想、邓小平理论和"三个代表"重要思想概论	4.5	96	64	32				4~2					
	44C18741	马克思主义基本原理	2.5	48	32	16			2~1						
	41E40181	大学英语	4	256	256										
	41E40182	大学英语	4												
	41E40183	大学英语	4												
	41E40184	大学英语	4												
	42D50721	大学体育	1	128			春　秋								
	42D50722	大学体育	1												
	42D50723	大学体育	1												
	42D50724	大学体育	1												
		计算机基础	5	96	64	32	2~1春秋（分两个学期开设）								
		军　事	2	2.5周		2.5周									
		小　计	38.5	704	480	96									
综合教育课 选修课		人文社会科学类	2	32			春　秋								人文社会科学类
		自然科学类	2	32			春　秋								自然科学类
		艺术类	2	32			春　秋								艺术类
		综合实践类	2	64		64	春　秋								综合实践类
		就业指导课	1				讲座形式，分散实施								讲座
		小　计	9	160											

第2章 环艺设计教学体系的比较（横向比较）

续表

课程类别	课程编码	课程名称	学分数	学时数 合计	学时数 理论学时	学时数 实践学时	一 14	二 18	三 13	四 18	五 18	六 18	七 8	八 16	备注
学科基础课		基础素描（一）	3	90	20	70	15/6								（静物\头像）
		基础素描（二）	3	90	20	70		15/6							（人物）
		基础素描（三）	3	45	15	30			15/3						（人体）
		基础素描（四）	2	60	10	50	15/4								（线描人物）
		人体解剖学	1	15	15										
		透　　视	1	15	15										
		基础色彩（一）	2	60	10	50	15/4								（静物\头像）
		基础色彩（二）	2	60	10	50		15/4							（人物）
		基础色彩（三）	2	60	10	50			15/4						（人体）
		中国画基础	1	30	5	25	15/2								（白描花鸟）
		书　　法	1	36	8	28									
		中国画基础	1	30	5	25	15/2								（写意画）
		设计基础①	1	30	5	25		15/2							（平面构成）
		设计基础②	1	30	5	25			15/2						（色彩构成）
		设计基础③	1	30	5	25			15/2						（立体构成）
		小　　计	25	681											
专业必修课		文学欣赏	2	36	36		2/18								
		美术概论	2	36	36		2/18								
		中国美术史	3	54	54			3/18							
		外国美术史	3	54	54			3/18							
		中国建筑史	2	36	36				2/18						
		西方建筑史	2	36	36				2/18						
		设计表现技法：1——建筑表现技法	1.5	45	20	25				15/3					
		设计表现技法：2——室内表现技法	3	80	30	50					15/4				
		测绘与制图	2	60	20	40				15/4					
		计算机辅助设计——AutoCAD	1.5	45	20	25				15/3					
		人体工程学	1	30	20	10				15/2					
		装饰材料与构造	3	80	30	50					20/4				
		公共空间设计 1——专卖店设计	3	80	30	50						20/4			
		公共空间设计 2——餐饮空间设计	3	100	45	65						20/5			
		公共空间设计 3——办公空间设计	3	80	30	50							20/4		
		环境景观设计	3	100	35	55					20/5				
		园林设计	3	80	30	50						20/4			
		环境规划设计	3	80	25	55							20/4		
		小　　计	44	1112											

续表

课程类别	课程编码	课程名称	学分数	学时数			学期、周时数、周学时								备注
				合计	理论学时	实践学时	一 14	二 18	三 13	四 18	五 18	六 18	七 8	八 16	
专业限选课（限选15学分）		居住空间设计——别墅设计	3	100	35	55					20/5				
		电气照明设计	3	80	30	50						20/4			
		模型工艺	4	120	30	90							20/6		
		工程概算	1.5	20	20								20/1		
		环境工程项目实践	3	80	30	50							20/4		
		展示空间设计	3	80	30	50								20/4	
		家具设计	2	60	20	40										
		环境艺术设计概论	3	54	54											
		民居考察与研究	2	60	20	40										
		快题设计	2	60	20	40										
		室内设计原理	3	80	30	50										
		城市规划	2	45	45											
		小计	31.5	839												
专业任选课（任选7学分）		版画基础（丝网版画）	1.5	45	15	30										
		漆艺基础	1.5	45	15	30										
		陶艺基础	1	30	10	20										
		商业展示	1.5	45	15	30										
		装饰表现	1.5	30	15	15										
		传播学	2	45	45											
		摄影技术	3	80	30	50										
		字体设计	2	60	20	40										
		版面设计	2	60	20	40										
		VI 设计	3	80	30	50										
		工艺美术史	2	45	45											
		网页设计	3	80	30	50										
		染织设计	2	60	20	40										
		小计	26	705												
实践及毕业论文设计		艺术考察	2	175					35/5							
		毕业设计（包含毕业论文、下厂实践）	18	26周												
		小计	20													

华南师范大学 05 级环艺设计专业课程方案

课程类别	课程名称表
第一学年（综合教育课）	思想道德修养与法律基础、中国近现代史纲要、毛泽东思想、邓小平理论概论和"三个代表"重要思想概论、马克思主义基本原理、大学体育、计算机基础、大学英语、军事
第二学年（学科基础课）	基础素描（一）、基础素描（二）、基础素描（三）、基础素描（四）、人体解剖学、透视、基础色彩（一）、基础色彩（二）、基础色彩（三）、中国画基础、书法、设计基础（一）、设计基础（二）、设计基础（三）
第三学年（专业必修课）	文学欣赏、美术概论、中国美术史、外国美术史、中国建筑史、西方建筑史、设计表现技法、测绘与制图、计算机辅助设计——CAD、人体工程学、装饰材料与构造、公共空间设计——专卖店设计、环境景观设计、园林设计、环境规划设计
第四学年	专业实践、毕业设计、毕业论文

综合院校【浙江大学艺术设计专业（环艺设计方向）】课程方案

课程类别	课程名称表
第一学年（通识课程）	思想道德修养与法律基础、中国近现代史纲要、毛泽东思想、邓小平理论和"三个代表"重要思想概论、马克思主义基本原理概论、形势与政策、军事理论、外语类、计算机类
第二学年（大类课程）	平面构成、色彩构成、立体构成、色彩、素描、计算机辅助设计、写生、
第三学年（专业课程）	工程图学、机械制图及 CAD 基础、建筑制图、环艺设计概论、材料及构造、园艺绿化、环艺设计、园林规划设计原理、预算与工程管理、环境照明设计
第四学年	毕业论文、设计

从上述师范性院校和综合性学校，同是非艺术类院校的环艺专业课程设置表格分析，我们可以看出它们各自的课程结构的比例安排和课程方案，都是按照先基础后专业的4年制教学模式。采用的是目前大多数师范院校通用的"二二制"教育大纲，在大学一年级以素描、色彩、构成等综合教育课为主，不涉及环艺专业；二年级开设学科基础课程；直到三年级才真正接触到专业课程的学习。这样的教学模式大大减少了学生对于本身专业知识的学习时间，专业针对性也不足。

也有大部分学校现在正逐渐采用"一三制"的两段式教学模式，用1年培养美术以及设计基础功底，后3年再逐步涉及专业课程的教学。但是都还存在着教学内容不统一，缺乏实践性教学，（如教学考察、装饰材料认识考察、施工工艺现场实习、教育实习、社会实践实习、应用性环境设计内容等），同时部分师范院校过于注重绘画基础技能的训练。学生的质量水平，重要的是取决于所学专业的课程体系和教学内容，以及从中获得的专业知识、素质、能力。现在我国环艺设计专业教育课程体系不明，主干课程及其内涵、目标都模糊不清，课程名称不规范，因人设课，盲目随意增加课程的现象依然存在。我调查了曾任教的师范院校的100位环境设计专业学生，有98%的学生认为学校相对来说课程体系不够明确，用于学习具有专业性知识的时间是不够的，从而导致了大部分学生专业水平不够高，毕业后他们的缺陷也就会暴露在社会实践中。

2.4.2 师范类院校对于培养环艺设计人才的方向性

就目前看来对于多数的师范院校来说，教育方向是以美术教育为主，设计为辅，以教师型人才为侧重点，而环艺类设计专业不是以培养美术师资人才为目的，而是为面向具体市场需求而发展的这样一个专业。所以，我们不应该套用原来的在计划经济体制下师范院校培养工艺美术类人才的概念去培养环艺设计类人才，毕竟环艺专业人才是直接面向市场的，不像以往的包分配，什么都按照原先学校规划好的一切前进，甚至几年不变的教学模式。这就存在着教学方针模糊不清，培养环艺设计类人才的方向不明确的问题。

毕竟环艺设计专业在中国的起步较晚、发展比较快,社会对于人才的需求也不尽相同,不同院校所拥有的历史传统和办学条件都不一样,无法在教学上强求一律性,也没有必要强求一致。我们提倡多样的、多层面的、各有特色的办学。针对环境艺术设计专业的办学方向主要倾向于两类:一类是往建筑、景观设计方面拓展;另一类就是倾向于室内设计的办学方向。而目前国内许多师范院校对于这种办学方向存在着部分偏差,许多师范院校存在着把室内设计或室内环境设计专业笼统地称之为环境艺术专业或者是艺术设计专业的问题。对于此专业的教育虽然大体已经初见模型,不同师范院校也分别建立了自己的教学体系,但是从不同层面,例如具体到设计专业的部分课程这类办学的倾向就存在着专业针对性不够强的问题。经采访了20位以往毕业的师范院校环境设计专业学生,最后真正一直从事设计职业的人只占了不到40%,大多都已转行,他们普遍觉得在学校的时候能够学习到真正能涉及本专业的课程比较少,前面两年所上的课程完全是和师范班的课程一致,也是大三才真正独立成一个环艺设计班,之前两年的时间都是再重温我们高中时已经熟练的绘画课程、基础课程,到大三才开始学习真正要学习的东西,此时的起步就已经相比显得过晚。在这20位师范院校环艺专业的毕业生中,95%的人反映自己毕业后择业选择面比较狭窄,出去社会后的适应性相对较弱,一届当中也只有个别两三个同学是选择去学校当老师的。所以在教学培养方向性上,师范类院校要相比专业性院就稍显含糊,培养方向不明确,导致学生对于本身专业不精,就业方向模糊,而学校对于环艺设计专业的培养目标就是要使他们能够很好的运用自己所学的知识承担不同的社会任务,清楚自己正在从事的,明白自己想要做的。

2.4.3 专业艺术类院校对于环艺设计专业的课程设置

分析调查目前国内具有一定影响力的专业艺术类院校,发现它们对于环艺设计人才的教学培养都是不断的在更新,不断的力求与市场接轨,适应发展。

例如，我国八大美术学院之一的广州美术学院，在教学上以不断推陈出新的创举，在国内众多的艺术设计院校中一直发挥着"先锋队"的作用。环艺专业创建之初，以该专业教师为基础成立的"广东省集美设计工程公司"，成为国内高校教学单位中最早探索现代设计实践教学与经营的知识群体。该校也十分重视完善各项教学条件，投资建立模型工作室，课程方面均已实现多媒体辅助教学。此外，还建立了多个校内外实践基地，让学生接触市场实际项目。

环境艺术设计系成立于1996年，其前身为1987年创办的工艺美术系环境艺术设计专业。在教学上，环境艺术设计系强调两个基本点：一是建筑、二是艺术，把培养"未来设计师"的概念作为教学定位，以此指导课程设置及确定对毕业设计的要求。环境艺术设计系在早期2005年间招收两个专业方向：建筑室内设计、景观设计（主要课程：设计史、设计概论、设计原理、设计方法论、人体工学、材料与工艺、风格研究、素描、色彩、构成、电脑辅助设计、建筑工学、模型工艺、建筑学、宾馆设计、展示设计、文化空间设计、室外园林景观设计、家具设计、商业设计、娱乐空间设计、写字楼设计等）。

1. 广州美术学院环艺专业课程设置情况

教学模式为一三制

第一学年的"设计基础"板块由设计学院基础部统一教学，主要课程有：

平面色彩构成、空间形态、观察记录、思维表述、创意表达、设计社会学、审美心理学、当代艺术与设计、信息方法、设计史等。

第二至四学年由系里组织教学，主要有三大板块的专业课程：

a. 专业基础课：设计初步、建筑图学、模型基础、建筑结构与造型、环境工学、设计实施、设计表达。

b. 专业理论课：空间设计方法、设计策划、空间设计概念、空间设计史。

c. 专业设计课：建筑设计创意篇、建筑设计深化篇、室内设计创意篇、室内设计深化篇、景观设计创意篇、跨专业设计专题、毕业设计与论文专题（含专业考察）。

在4年学习中，学生必须按规定修完所有规定的必修课和选修课程，且所有成绩均达到60分以上或"合格"方可准予毕业并得到本科毕业证书；毕业设计和毕业论文成绩均达到75分以上方可得到学士学位。

2. 中国美术学院环艺专业（室内设计方向）课程设置情况

学期	课程名称表
大一 （一年开课）	素描、色彩基础、模型基础、设计初步（一）、设计初步（二）、专业绘画、民居考察、设计语言、专业设计（一）、设计概论、外国建筑史
大二上学期至大三上学期 （一年半课程）	设计初步（CAD制图）、专业绘画（一）（效果图线稿）、独立住宅建筑设计、独立住宅室内设计、建筑设计原理、建筑概论、专业绘画（二）（效果图上色）、民居测绘、办公建筑设计、办公建筑室内设计、建筑结构概论、场地设计原理、室内设计概论、风景区规划、计算机辅助设计、中国建筑史、建筑材料与构造、景观概论
大三下学期至大四 （室内设计专业方向课程）	高级住宅室内设计、园林考察、公共艺术、室内构造与模型、中西方雕塑史纲、建筑室内概论、园林设计原理、毕业考察、度假宾馆室内设计、设计院实习、中国古建筑构造分析、室内设计材料与构造、室内设计专业方向毕业设计、毕业论文

中国美术学院环艺专业（景观设计方向）课程设置情况

学期	课程名称表
大一 （一年开课）	素描、色彩基础、模型基础、设计初步（一）、设计初步（二）、专业绘画、民居考察、设计语言、专业设计（一）、设计概论、外国建筑史
大二上学期至大三上学期 （一年半课程）	设计初步（CAD制图）、专业绘画（一）（效果图线稿）、独立住宅建筑设计、独立住宅室内设计、建筑设计原理、建筑概论、专业绘画（二）（效果图上色）、民居测绘、办公建筑设计、办公建筑室内设计、建筑结构概论、场地设计原理、室内设计概论、风景区规划、计算机辅助设计、中国建筑史、建筑材料与构造、景观概论
大三下学期至大四 （风景建筑设计专业方向课程）	造园设计、园林考察、公共艺术、景观构造与模型、建筑设备概论、景观设计史、园林设计原理、城市设计原理、毕业考察、景观设计专业方向名作解读、公园（居住区）景观设计、设计院实习、中西方雕塑史纲、园艺栽培学、景观设计专业方向毕业设计、毕业论文

从上述所调查的广州美术学院和中国美术学院环艺专业课程的设置中我们不难看出，艺术类院校对于环艺专业人员的培养方向是很明确的，撇开其他不谈，只从课程的设置方面来看，它就具有较强的针对性，也形成了一个比较系统的教学体系。

结合本章师范类院校环艺专业的教学大纲与上述艺术类院校环艺专业的教学大纲的分析比较，我们可以发现，师范类院校在教学上偏重综合基础性的教学，对于专业课的安排也只是占到总学时的37%左右（去掉两年基础课和半年毕业设计、毕业论文时间），而艺术类院校的专业课的安排是头尾贯穿的，几乎是占总学时的62%（去掉一年基础课和半年毕业设计、毕业论文时间）。按照中国美院建筑学院艺术环境设计系的最新教学结构调整，4 年全部由本系安排课程，专业课占总课时量的 85% 左右（去掉一年级部分绘画基础课以及半年毕业设计、毕业论文时间），将主干课程列为重中之重，使学生能够较全面系统的了解相关专业，不断强化自己的专业知识，提高设计水平。

2.4.4 如何解决非专业院校环艺设计专业教学问题

环境艺术设计本身具有非常理性、技术性和实践性的内涵，与传统的美术教育大相径庭，它是与人类生活、社会生产密切联系的艺术门类，整个过程脱离不了实践这一关键环节。对于这种比较宽泛的学科，不同院校对于它的教育水准也是参差不齐的，因为不同院校有着各自不同的办学方向和教学计划，从而不可避免地会出现对于此专业概念认识的偏差及其教学方面的差异和不足。

结合上述的调查数据分析，笔者认为调整教学模型是师范院校对于环艺设计专业课程改革的当务之急，本文提出四方面改革内容供参考。

1. 教学方向性调整

面向市场化的教学，与市场接轨，摒弃师范教学思路，注重实用性实践教学。设计教育应与市场相适应，随时都要处在一种为适应不断变化的市场需求而改变的状态之中，学生只有接受新信息、掌握新材料，才能创造新的设计，不单单只是院校的教学，这也就需要学生自身的努力和学校、教师教育水平的不断强化来提高整体的教学质量。调查了 60 位历届师大环艺专业毕业的学生，他们目前的工作单位大都分布在珠三角地区，50% 的人是在普通的中小型设计公司，一部分都已转行做其他，个别几个去了教育局当美术老师。他们说，刚毕业在公司，由于自己的实践基础、专业基础不足，一切都要重新开始，感到盲目，无从下手。正是由于教学方向性的偏差，导致环艺设计类学生能够真正学习到专业知识的时间很少，从之前师范院校环艺专业教学计划和艺术类院校环艺专业的教学大纲对比分析，我们可以了解到，相对来说艺术类院校对于环艺专业的教学体系要比师范类院校的合理很多，具有较强的教学针对性，教育上有明确的专业方向性，尽可能将课程与社会实践相结合，为学生提供了良好的发展平台。对于这一点师范类院校就体现得相对较弱，所以在今后的教学安排上应该偏重于市场化，专业性的教学，让学习有针对性、有方向性，让学生能对自己的专业心中有数，精于此项，在他们毕业了面临社会的时候才不会感到无助和迷茫。

2. 构建合理的课程体系

具有严密而科学的课程结构是专业教学的基础。在制定教学大纲、安排课程进行教学时，我们应该要注重设计思维的启发教育，注重设计的理论教育，适当的扩充知识面，提高专业素养，而不是注重绘画的基础技能训练。调查已经在设计公司工作的60位毕业生，有80%的人认为在校期间素描、色彩的训练不是一点必要都没有，而是在教学目的上一定要有针对性。根据自身所学专业在学习之初一年级一个学期里面开设一次的素描、一次的色彩训练就足够了，并且这些素描、色彩训练是要有专业针对性的，不是单纯的画画静物、人体、头像等，而是用专业针对的形式去训练，例如：设计结构素描，画建筑、画风景、画交通工具、画室内的一些用具等对我们将来环艺专业设计有用的素描、色彩课程。这是我们应该注意的，我们不能只为绘画而画。就像上述广州美术学院、中国美术学院环境艺术设计系对于设计课程的安排，基本没有过多的对于素描、色彩这些老生常谈的基本功练习，而是将这些绘画联系结合在专业课程的学习中。主要训练学生的设计思维，专业理论的学习。培养学生的空间感、研究物体结构为手段，关注材质、比例、环境光影的变化等，通过眼—脑—手的有机结合，再加上创新性思维的设计修养让绘画为设计服务。[①]

---

① 李锐军．谈环境艺术设计人才的培养［J］．南平师专学报．第22卷 第3期．2003年9月．

所以对于设计的教学，最重要的还是课程的设置，目的就是能有一个好的合理的课程引导启发学生去深入系统地学习专业知识，如果课程都没有安排合理，学生对所学专业的了解程度肯定不会很深。如本章师范类环艺教学大纲所反映出来的问题，在大一时开设的（中国画基础、书法）这些课程，并不是说学了没有用，但是对于环艺专业的学习就没有起到重要的作用，跟我们专业将来所要求掌握的知识结构是没有大的关系的，可见其专业教学的不明确性。所以对于师范院校在专业课程的设置方面，绘画基础等课程教学所占比重要减少，并且还要具有专业针对性；再者，多注重培养学生的设计思维能力，完善课程体系，使学生能够在一个良好的专业学习体系下不断增强自身的专业素养。

3. 建立适应时代发展的教育模式

顺应时代发展的需求，逐步建立一个开放式的全方位教育体系，培养学生具有良好的文化和艺术修养，增强学生们的研究能力、创造能力、表达能力和竞争能力。几乎所有师范院校的教学模式都是突出以"教"为基础，也就是以课堂、教师和教材为中心，这种显得比较传统的教学方法，过多注重知识的讲解、综合能力的培养，对于真正本专业知识的接触相对会少许多，忽视了对学生分析和解决问题的能力以及自学能力的培养。设计教育还存在专业划分过窄、缺乏交叉综合等问题。在校的学生普遍都觉得这种教学模式过于单调，上课很难集中注意力，并且对自己的专业学习也提不起兴趣。往届毕业生们一致表示，自己的社会阅历少，实践能力较差，在工作岗位上对于实际操作环节的能力薄弱，专业知识匮乏。要让学生能学到更多的专业知识，不断提高理论素养，提高实际操作能力。对于目前设计类毕业生就业竞争的情况看，一些企业单位不一定看中名牌大学的毕业生，而是对有一定设计经验的学生感兴趣，市场要求我们在教育模式上的改变势在必行。

不断更新教学内容，不仅要把设计观念传达给学生，更重要的是以培养有思想、有文化、懂市场的高素质复合型人才为基础。建立教学、研究、创造三位一体的教育模式。[①] 让教学为研究和创造服务，研究为教学和创造提供理论指导，创造为教学和研究提供试验基地。

4. 加强实践教学

结合本专业的特点，要重视课堂教学与社会实践的关系。学校要有相应的设计工作室等专门对环艺专业的学生开放，让学生有更多的动手、动脑、动嘴的机会。调查了 60 位师范院校的毕业生，其中 98% 的人反映，当毕业进入社会后，真正投入到实际专业工作中发现，自己所掌握的相关专业实践知识太少，特别是对于施工工艺、项目设计流程、装饰材料的认识程度、场地测绘、装饰设备与工程实例、考察与实践环节，还有环境心理学这些需要了解学习的，在学习时没有具体课程的引导学习，很难会对此有一定了解。相对于艺术类院校来说它们在教学中强调社会实践能力的培养，例如中国美术学院就有专门分别针对不同的专业需求开设实验室和实践环节的课程，如建筑构造与模型、景观构造与模型、室内构造与模型、民居测绘、园林考察等，鼓励引导学生经常到工地，与外面社会工作人员联系，了解新材料，熟悉每种材料的使用特性，懂得一些基本的专业常识，也可以组织带动学生去通过调查研究，拓展设计思路。大多数已经在公司工作的毕业生表示，毕业招聘中，社会或公司往往需要的是有实践经验的学生，在具有相关专业技能条件下才能进入到最佳工作状态中，自己所缺的就是这方面的知识，如果环艺专业学生参加一个自己专业工程的全过程设计实践，将会学到书本上学不到的东西，拉近学校与社会的距离，学生毕业后的社会适应能力会更强。

随着这几年来环境艺术专业国际间的竞争日益激烈，在市场中的重要地位日益凸显，我们应该清楚地意识到对于环境艺术设计教育发展的紧迫感。高等师范院校必须根据社会的实际需求，根据自己的实际教学

---

① 周波. 当代室内设计教育初探 [D]. 南京林业大学，2004 年 7 月.

情况，确定办学层次和类型，制定适合自己发展的措施，大胆地对教育培养模式进行更新改革，突破传统的师范院校的教育模式，不断为社会培养出受欢迎、有特色、高质量的人才。

第3章 交叉学科启示与思维变向（理论启示）

3.1 系统工程的相关理论表述及应用

3.1.1 系统工程的应用价值

系统工程学的基本概念在本文"绪论"——"概念解析"一节里面有详细解释。那么系统工程学到底有何作用呢？

到目前为止，国内外的著名系统工程学专家由于观点不同，对系统工程也有不同的解释。但是这些细微的概念差别不是本文关注的重点，本文并不关注系统工程学的研究，本文关注的是系统工程学被大家广泛认可的已成体系的内涵及其应用价值和方法论，即：系统工程是用科学的方法规划组织人力、物力、财力，通过最优途径的选择，使人们的工作在一定期限内收到最合理、最经济、最有效的效果。所谓科学的方法，就是从整体观念出发，通盘筹划，合理安排整体中的每一个局部，以求得最优规划、最优管理和最优控制，使每一个局部都服从一个整体目标，做到人尽其才，物尽其用，以便发挥整体的优势，力求避免资源的损失和浪费。本文关注的是将系统工程学作为方法论，应用到本文的课题研究中去，使本文的研究立足于科学的方法论基础之上，使之具有科学性、可行性、可操作性。

系统工程学属于交叉学科、软科学、复杂科学范畴。是研究解决复杂系统问题的基本方法及横向技术，注重知识融合、工程运作、学科创新。

系统工程学在管理学研究上强调以下基本观点：

（1）整体性和系统化观点（前提）；

（2）平衡协调及和谐发展观点（目的）；

（3）多种方法综合运用及其体系化观点（手段）；

（4）问题导向、环境依存及反馈控制观点（保障）。[①]

[①] 汪应洛主编《系统工程学》，高等教育出版社，2007年，第5页。

3.1.2 系统工程的一般特点

（1）研究思路整体化；

（2）应用方法的综合化；

（3）组织管理上的科学化、现代化。

3.1.3 复杂系统问题及其特征

系统科学及系统工程以系统为研究对象，复杂系统（特别是复杂管理系统）及其开发、运行、革新是系统工程学研究的基本问题。

我国 20 世纪 90 年代初，钱学森等系统科学家发起对开放的复杂巨系统及其方法论的研究。简单来说，如果子系统种类很多，它们之间的关联关系及相互作用式样繁多又很复杂，这就是复杂巨系统。复杂巨系统一般均为开放系统和动态系统，如生态系统、社会系统、星系系统等。

3.1.4 系统工程学与环境艺术设计教学新模型及控制体系的联系

环境艺术设计教学系统也是用科学的方法规划，组织人力、物力、财力，通过最优途径的选择，使人们的工作在一定期限内收到最合理、最经济、最有效的效果。也是要从整体观念出发，通盘筹划，合理安排整体中的每一个局部，以求得最优规划、最优管理和最优控制，使每一个局部都服从一个整体目标，做到人尽其才，物尽其用，以便发挥教学系统整体的优势，力求避免资源的损失和浪费。教学系统的要求几乎完全符合系统工程学的内涵以及在管理学上的基本观点，比如：

（1）整体性和系统化观点（教学模型和教学控制体系就是整体性和系统化的产物）；

（2）平衡协调及和谐发展观点（教学模型和教学控制体系必须平衡协调及和谐发展）；

（3）多种方法综合运用及其体系化观点（教学模型和教学控制体系也可以采用多种方法综合运用以及体系化）；

（4）问题导向、环境依存及反馈控制观点（教学模型的实际应用效果由社会应用系统反馈，制衡教学的方向，这也是建立"专业教学控制体系"的理论依据）。①

所以，本文将系统工程学作为方法论，应用到本文的课题研究中去，建立"环境艺术设计专业教学控制体系"，使本文的研究立足于科学的方法论基础之上，使之具科学性、可行性、可操作性。

3.2 模块化理论的相关理论表述及应用

20世纪60年代，冷战时期的苏联为了打击美国海军航母战斗群而研究制定出一种新的战术——"饱和攻击"——即同时（或以秒为单位计算的极短时间内）发射大量的反舰导弹攻击美军水面作战舰艇，以使其有限的对空防御火力通道"撑不下"，达到反舰导弹突防命中目标的目的。由此不难看出，"饱和攻击"使水面作战舰艇传统的对空防御系统漏洞百出。

1964年，美国海军为了解决苏联反舰导弹的"饱和攻击"对航母战斗群构成的威胁和海上对空防御问题，提出了"先进舰用导弹系统"的要求，并在1969年12月将其命名为"宙斯盾"（Aegis）系统。1969年年底，时任美海军舰载导弹系统工程站的工程总监——威恩·E·迈耶成为"宙斯盾"系统的项目负责人。在"宙斯盾"的研发过程中，迈耶力排众议，提出了一系列独特理论。

据《水手》杂志披露，迈耶从小爱玩一种玩具积木，它有一个相对固定的基座，上层则可通过变换不同零件而摆成千奇百怪的造型。他从这种积木上得到启发，将"建造一点，试验一点，再建造一点"的系统工程理论引入"宙斯盾"的研发，为系统升级留出空间。该系统体现了美国20世纪80年代的科技水平，并在此后，一直与世界先进的科学技术同步升级发展。当1983年首艘装备"宙斯盾"系统的巡洋舰开始服役时，"宙斯盾"系统的出色性能震惊了全世界。更难得的是，相对于当时很多国家研制出的先进舰载防空系统在几年后便遭淘汰的局面，"宙

---

① 汪应洛主编《系统工程学》，高等教育出版社，2007年，第5页。

斯盾"却伴随着科技进步不断进行系统升级，所以，历经 20 多年仍是世界上最好的舰载防御系统。如今，它甚至成了衡量舰艇先进与否的标准。而这全拜迈耶的理论所赐。①

系统工程学和模块化理论其实早已被应用于许多领域。在国内、外应用实例及相关研究论文发表都很多（见绪论 3. 文献检索综述），只是尚未发现应用于专业教学模型的建立。当我面对科研项目的大量资料而为它的切入点百思不得要领时，一个偶然的机会，美国"宙斯盾"的例子给予我极大的启发。我逆向寻找了"系统工程学"和"模块化理论"数本原著，细细读来，颇有茅塞顿开之感。

模块化理论有三个"家谱"：

哈佛大学商学院（鲍德温、克拉克）；

日本的比较产业论（池田、国领、藤本）；

组织的信息效率比较论（克里默、青木）。

3.2.1 "模块化"有什么作用？

模块化的基本概念在本文"绪论"——"概念解析"一节里面有详细解释。那么模块化到底有何作用呢？

（1）网络性。每个"模块"便是一个节点，通过"标准"来联系，形成一个网络。在时间上，"模块"的运作具有并行性；在结构上，"模块"组成的结构具有分布性。因此，"模块化"的操作具有明显的网络效应。这种网络效应的放大功能我们可以用来解释互联网的扩散为什么如此神速。模块的重复使用又可以大大提高效率。事实上，互联网的诞生是基于模块化理念的。

（2）创新性。通过对"模块"的上述操作可以产生数量可观的集成组合。这些不同的组合可实施各式各样的创新，包括产品创新、市场创新、过程创新等。

（3）开放性。由于模块化可以将系统分解，所以每个子系统都具有

---

① 环球时报——陈兆祥 张学峰。

相对独立性。模块化的分解就像"货币"解放了商品一样,使原有的封闭的操作过程变得更加开放和自由。

(4)竞争性。由于模块分解之后,可以多个主体操作相同功能的"模块"并形成竞争,然后通过择优原则选择优秀的"模块"进行系统集成。因此,竞争也促进了创新。模块化的创新能通过千变万化的模块化操作随市场环境应变,具有很大的灵活性。归纳起来,"模块化"理念是一个基于"效率"、"创新"、"开放"、"竞争"的理念,这种理念可以用在产品、企业、产业的创新当中,从而促进产品的融合,企业之间的联合,产业之间的融合。

3.2.2 早期的模块化理论应用

其实,模块化并非是信息时代的"专利"。几个世纪前我们就在实践着生产中的模块化"理论"了,虽然那时候还没有人提出系统的模块化理论。例如,亚当·斯密在《国富论》第一章"论分工"中提到一个著名的制针的过程:一个工人竭尽全力也许一天制造不出一枚针,更别说二十枚了。但是按照现在分工详细的经营方法,不仅整个作业全部成为专门的一种职业,而且这种职业分成若干个部门,大多数部门也同样成为专门职业。这样雇有十个人,配备必要设备的小制造业,一天大约能成十二磅针。但如果他们各自独立作业,不能业有所专,他们任何人都不可能一日成针十二枚,或许一天连一枚针都生产不出。这就是说它们由于缺乏恰当的分工和缺少各种不同操作的结合,产量不及现在的二百四十分之一,或许还不到四千八百分之一。[①] 以上的制针过程就已经包含了处理复杂系统的分解方法了。手表的制造,可能提供了另一个模块化的例子,因为手表的制造实际上是拼装由几百个零件构成的不同模块的集中化过程。

哈佛大学商学院的前副院长卡丽斯·鲍德温(Carliss Y. Baldwin)和哈佛大学商学院院长金·克拉克(Kim B. Clark)于1997年在《哈佛

---

① (英)亚当·斯密 Adam Smith《国富论》贺爱军、贺宽军编译,陕西人民出版社,2006年。第19-20页。

商业评论》上发表了"模块时代的管理"一文,那篇文章的作者用 IBM 在 1964 年推出的 360 电脑系统作为例子,揭示了"模块化"战略对于系统创新的戏剧性效果。

3.2.3 现代的模块化理论应用

我们知道,今天的电脑,尽管品牌、型号和用途等可以不同,但是它们都是可以兼容的,也就是说,作为用户,尽管你的电脑与其他人使用的电脑是不同公司的产品,但我们电脑的操作系统、处理器或者应用软件等是可以兼容的,因此,我们可以改换不同的电脑,但无需重新改写原来的程序或软件。 可是,早在 IBM 推出 360 电脑系统之前,IBM 与其他主机生产商的电脑机型却都是不可通用的,这当然给顾客更换电脑带来了极大的麻烦。

为了克服这个缺陷,IBM 的设计者在不同型号的电脑之间兼容性问题上作了一个大胆的尝试,也就是在设计上创造性地采用了所谓的"模块化"原理:将设计规则分成两类,一类是预先规定的设计规则,它由 IBM 决定并向参与设计者们公布与宣传。 这个预先规定的规则包括确定哪些模块、详细规定模块之间如何安排和联系在一起(即确定所谓的"界面"),以及用于衡量模块的标准等。另一类规则可称为自由的设计规则或者叫"看不见的设计规则",它允许和鼓励设计人员在遵循第一类设计规则的条件下自由发挥对模块内的设计。IBM 做了这样的模块化设计之后,新的系统与现存的软件之间的兼容性问题得到了解决,一举成功。结果,我行我素的其他主机生产商最终要么放弃与 IBM 竞争,要么寻找有特殊需求的客户,在夹缝中挣扎。上海交通大学的校友王安先生创办的王安公司的最终失利就是一个显而易见的例子。

当然,更重要的是,IBM 在设计上的模块化战略最终导致电脑产业结构的飞速升级和持续创新。只要遵循设计的规则(标准、尺寸与界面等)从而使得模块之间能够正确地发挥作用,各个独立的企业现在就可以自由地使用自己独特的工艺方法来开发自己的模块,甚至可以设计和制造与 IBM 兼容的外接的模块,如打印机、存储器、软件乃至 CPU。

正是因为 IBM 在 20 世纪 60 年代后期大胆采用了设计上的模块化战略，才引发了后来的信息技术产业的集群现象。青木昌炎教授曾把这个产业集群现象叫做"硅谷现象"，因为"硅谷"最终能成大气候，是与 IBM 的工程师在 20 世纪 70 年代纷纷从 IBM 辞职，雨后春笋般地创办能为 360 和 370 系统提供兼容性模块的属于自己的公司的浪潮有关。关于这一点，哈佛大学商学院鲍得温（Carliss Y. Baldwin）教授曾经说过，从 IBM 跳槽后创办自己公司的优秀工程师多达几万人，包括第一批离开肖克利试验室的 8 个"背叛者"之一的高登·摩尔，他 1968 年创办了英特尔公司。[1]

IBM 和硅谷模式的成功是模块化的成功。模块在已有的概念中，大部分用在产品、企业、产业的创新当中。但是模块化在其他行业是否也行得通呢？事实上，自从电脑业的模块化以来，在很多产业里面，模块化现象正在出现。早期的模块化主要针对电脑产业，现在的互联网、汽车和金融业等都正在运用这种模块化的原理。甚至，模块化的思想造就了新兴的高科技企业的诞生。

3.2.4 模块化的整体系统通过设计规则事先构思

这个设计规则的构思是整个模块化过程的核心和关键。它类似于总体设计，但又不同于一般的总体设计。它预测到在今后的各个模块进行内部的详细设计时可能发生的不确定性和必须解决的问题，以及由于模块的联系而产生的外部效果等。在搞清这些关系的基础上，制定出每个模块的设计都必须遵守的规则（看得见的设计规则）。有了它，每个模块才能自主地设计、独立地创新，展开一浪高过一浪的模块竞争；有了它，既能保证系统总体目标的实现，又给予了每个模块充分的自主权，做到了"统而不死，活而不乱"。这个"设计规则"的构思是个非常了不起的创造，它具有方法论价值，对于如何制定好技术标准和管理标准有重大指导意义。

---

[1] （日）青木昌彦、安藤晴彦《模块时代：新产业结构的本质》，周国荣译，上海远东出版社，2003 年，复旦大学经济系教授，张军，中文版导读，第 5 页。

3.2.5　模块自身的复杂化与信息技术共同进化发展

信息技术是现代模块化诞生的土壤和发展的基因，可以说没有信息技术的高速发展，是不可能造就出如此高超的模块来的。以 Intel 公司生产的微处理器为例，1982 年包含 10 万个晶体管；到 1993 年便达到 300 万个；1993 年采用的是 0.8 微米技术，实现的处理速度为 60MHz(每秒运行 6000 万次)；1994 年采用 0.6 微米技术，处理速度提高到 90MHz；1995 年出现 0.35 微米工艺，处理速度达到 150MHz；1997 年采用 0.25 微米工艺，在一块芯片上集成了 1.2 亿支晶体管。是信息技术推着模块化快速发展。与此同时，也正是由于小小的模块高密度地浓缩着如此庞大的信息，才使信息技术产品能够遵循"摩尔法则"，其运行速度每 18 月翻一番。

3.2.6　自下而上的系统改进和整体创新

设计规则是较为稳定的，而隐模块内部的"隐形规则"则是异常活跃的，它能随着外部环境的变化而及时应变。但看得见的规则就反应迟钝，可是它又不可能总是一成不变。模块系统（比起一体化系统）就有这样的优势，即使没有自上而下的指挥，在竞争过程中和每个模块的独立改进过程中，联系规则或链接每个模块的界面标准，都会进化发展、改进创新（或产生这种需求），或通过增加新模块使系统本身更复杂，或将独立改进的备模块联系起来，从而达到进化发展的目的。这种由量变的积累到整体质变的特性，再加上人为的模块化"操作"，便是模块化系统长盛不衰的源泉。[①]

3.2.7　模块化理论与环境艺术设计专业教学模块化的联系

综上所述，模块的理念，模块所具有的这些特征，完全可以用来尝试建立一个具有模块特征的专业教学模型，因为我们的课程集群设置在某种程度上也是一种模块，它具有模块的特征，比如：

---

① 来源：《世界标准信息》杂志，发布时间：2007-12-27。

（1）分离模块（将各个教学集群进行模块化）；

（2）用更新的模块设计来替代旧的模块设计（设计新的课程或课程集群）；

（3）去除某个模块（淘汰老化不合时宜的课程）；

（4）增加迄今为止没有的模块，扩大系统（吸收新的课程或课程集群）；

（5）从多个模块中归纳出共同的要素，然后将它们组织起来，形成设计层次中的一个新层次（模块的归纳 Inversion，重新组合课程集群）；

（6）为模块创造一个"外壳"（也就是在这里所说的建立一个模块系统或模型）。只不过在此之前，在某种程度上我们没有这种自觉。这种专业教学模型的建立，也许可以从一个新的角度对我们的专业教学进行一次大胆的改良。

罗丹说得好："独特性，就这个字眼的肯定意义而言，不在于生造出一些悖于常理的新词，而在于'巧妙'地使用旧词。旧词足以表达一切，旧词对于天才来说已经足够。"诚然，这不是意味着要重复前人，而是要"说出自己的话"。用的是旧词，说出的是自己的话，那就意味着要有自己的说话模型。在艺术上似乎不存在那种"今是昨非"式的革命，也不可能出现那种"焕然一新"的独特面貌。一个艺术家，若能在传统中加进一点属于自己的新东西，已是成就斐然。但要做到这一点，并不容易，没有深厚的传统功力是不可能的。古今中外的艺术大师，概莫能外，设计师又何尝不是如此！其实这里要说的关键词也就是两个：模型和创新。新的模型可以使旧词焕发新的活力，组合出新的思想；创新是在传统基础上的发展，是历史的进步，但不一定是天翻地覆的"革命"。

多年来我们已经习惯了"革命"这个词，但是，不是任何范畴都适合经常性的天翻地覆的"革命"。任何专业历史的发展都是一个循序渐进的过程，都有传统的继承性，越是具科学性，越是具逻辑性，越是在不断改良的基础上不断发展。连著名的英国科学家牛顿这样的大家，在总结自己的成就时也这样说：如果说我能看得更远一些，那是因为我站在巨人的肩膀上。在这里，"巨人的肩膀"可以理解为前人所做工作的基础，在某种程度上，也可以理解为传统。在很多情况下，不明就里的动辄就喊"革命"，显得浮躁和缺少理性，带给我们的后果往往并不乐观。改良在某种程度上不是保守，而是负责任。

　　胡适先生曾经说过，做学问要"大胆假设，小心求证"。我们试图在建立一个新的环境设计专业教学模型中大胆引用模块化理论，但能否自圆其说、自成体系，是否真正有益于我们的教学改进，我们必须作一个有效的理论论证和实践调研以增加它的说服力，彰显其价值。在以下的章节中，我们会具体作一些这方面的理论论证和实践调研工作，来从理论和实践两方面证明这一点——自圆其说、自成体系，并真正有益于我们的教学改进。我希望我的工作能够对我们的专业教学发展具有更积极的意义。我们生命存在的价值在于因为我们的工作使我们的社会更进步，而不是舍我其谁。

第4章 环艺设计教学新模型构想（建立新模型）

4.1 环艺设计教学新模型的意义和定位

4.1.1 环境艺术设计教学新模型的意义

环境艺术设计和其他设计学科一样，"它的定位、方向、特点、优势、瓶颈、盲区、作为和理由，是需要随着时代的发展不断界定、不断调整、不断梳理、不断寻求、不断思索的问题。"[1] 环境艺术设计专业是一个与时俱进的专业，纵观几十年来的专业教学及市场变化，可以为这一结论写下了注解：稳定是相对的，变化是永恒的。设计一个相对稳定的动态专业教学模型，将为不规范的专业教学提供参考示范，建立一个相对稳定的专业评价体系，将从控制论的角度反馈市场和教学效果信息，这将为教学向市场提供合格的专业人才提供保证。这也是本文写作的起由和价值所在。当然，是试探也是与同行商榷。

从环境艺术设计教学的现状来看，复杂的学科背景下产生的同一学科，其差异性显而易见。作为一个实用性很强的学科，它的市场指向性是很明确的，这种市场的明确指向性并不会因为环境设计专业所依托的不同专业院校和不同的学科背景而产生大的改变。那么目前这种差异性很强的环境设计教育现状，如何在市场的背景下进行整合？从环境设计教育系统本身上作深入的调查和研究，建立较为完善合理的环境设计教学模型及控制体系，这正是我要研究本课题的基本思路。面对目前环境设计学科教学的问题及困境，与其说我们要研究这个课题，不如说形势逼迫我们不得不面对这个问题。正视这个问题的存在，研究这个问题，解决这个问题，实际是环境设计专业教学发展的现实需求和历史必然。

在微观层面，该模型可以对不完善、不成体系的专业教学提供具体的参考，以期在专业结构方面的设置、配置更趋合理，在人力和物力上减少浪费，节省教育资源，有益于培养与时俱进的更适合市场需求又兼

---

[1] 宋建明、王雪青主编《匠心文脉》，宋建明《匠心行修三十年》，p.221。

具创新精神的环境设计人才。为社会培养切合实际的人才，是对教育资源最合理的配置和应用。

在宏观层面，我希望这个建立在模块理论基础上的动态模型对环境设计专业教学能够起到方法论方面的参考，一种认识论的启示，一种具体的可行性试验。毫无疑问，如果建立在这种认识论和方法论上的这个新模型对于环境设计教学在以上两方面具有可行性，我相信这种认识论和方法论对于整个艺术设计学下属子目录的具有与环境艺术设计专业相同性质的各个学科均具有相同的参考价值，其意义和影响力将大大超越本文论述的主题和内容。

4.1.2 环境艺术设计教学新模型的定位

环境艺术设计教学新模型应当是一个开放的不断更新发展的相对稳定的动态模型。首先它应该是不断吸收当今发达国家本专业新技术、新方法、新材料、新文化的信息，同时，它又必须符合中国当下的经济和生产、生活水平。中国是一个发展中国家，在这一点上，我们应该面对现实，虚心学习外来的先进文化和技术，不断丰富我们自己的设计文化营养。其次，我们更应该是把中外传统文化尤其是中国传统文化作为长期研究的目标。把"传统出新"、"中而新"这个永恒的课题继承下去。当下人们都意识到现在的社会是一个由传统向现代转型的时期，表现在文化上则是一个多元共生的格局。随着中国经济的和平崛起和中国在国际社会中的地位提高，中国人能够面对自己的历史、自己的文化和现实的创作进行思考，站在自己的文化立场上，用自己的价值观念和文化意识阐释自己的主张和观点，这对于中国文化在转型过程中持有一种学术批判的态度极为重要。作为新的历史时期代表中国本土色彩"中而新"设计艺术形态的中心话语的应运而生是理所当然的。

环境设计也是如此，这种"传统出新"的概念可表述为：现代性视域中的新传统主义。它不再是一般意义上传统与现代之间的两极对立，而是传统在现代性的型构方面所可能扮演的角色。其时代特征可表现为：

民族性。大家都有一个共同的责任心要捍卫民族文化设计艺术；

开放性。通过吸收、消化外来文化不断丰富和建构自己的文化内涵；

批判性。通过社会历史批判、文化批判探索，改建新的设计艺术理论；

兼容性。通过与外来文化的碰撞、交融和包容接纳，形成具有民族特性的新的设计文化；

多样性。由过去的中心话语走向多姿多彩的设计艺术空间和多元、多维看问题的非中心模式。

中国美术学院前院长潘公凯在 20 世纪末曾指出：设计不像纯艺术教学那样，基本上不涉及意识形态问题，不强调个体性，较多侧重于共性、国际流通性。① 而广州美术学院设计学院的童慧明教授则认为："统一化"的办学思维，与设计教学鼓励创新特点、鼓励多元化、鼓励个性化的核心背道而驰。② 我想这是否可以理解为一个问题的两个方面：设计学科，尤其是环境艺术设计是技术和艺术的结合，技术部分就是不强调个体，较多侧重于共性、国际流通性；而艺术部分就鼓励创新特点、鼓励多元化、鼓励个性化。同时，童教授强调的个性化特征还应该包括区域特点以及所在地区的社会经济发展需要等元素。这两种观点是很有代表性的。所以，建立这个专业教学模型，是结合目前的专业教学状态给出一个参考性的教学模型。在前面我就强调模型的动态和开放性，"它的定位、方向、特点、优势、瓶颈、盲区、作为和理由，是需要随着时代的发展不断界定、不断调整、不断梳理、不断寻求、不断思索的问题。"③ 它的基础部分、技术部分，相对稳定；它的艺术部分，我们可以用发展的眼光，用动态的、灵活的、个性化的眼光去看它，来决定它的状态，这同时也给参考使用者充分的回旋余地和发展个性化的空间。

环境艺术设计是一个跨专业跨学科的边缘学科，因此它涉及面广。这就决定了我们必须在课程模块建设上，以多种方法进行立体研究，

---

① 潘公凯《未来中国美术教育五题》，《限制与拓展》，浙江人民美术出版社，1997 年版。
② 童慧明《膨胀与退化——中国设计教育的当代危机》，《设计史研究》——设计与中国设计史研究年会专辑，上海书画出版社，2007 年 12 月。
③ 宋建明、王雪青主编《匠心文脉》，宋建明《匠心行修三十年》，p.221。

设置面要宽。专业知识面宽，看东西多，善于从大系统上去把握一些现象，创造性就会增强。这一点是从对环艺系已毕业的学生调研资料显示出来的。

4.1.3　建立环境艺术设计教学新模型的方法论引用

对于这个问题我尝试引用系统工程学和模块化理论，以及用辩证的观点、用整体论和还原论来构建这个教学模型。系统工程可以用于一切有大系统的方面，包括人类社会、生态环境、自然现象、组织管理等，成为制定最优规划、实现最优管理的重要方法和工具。系统工程是以大型复杂系统为研究对象，按一定目的进行设计、开发、管理与控制，以期达到总体效果最优的理论与方法。环境艺术设计专业教育也是一个系统工程，各教学段式之间的前后因果关系、各课程模块之间的前后逻辑关系、专业教育和工程实践之间磨合的关系、专业设计理论和专业设计教学之间的关系、专业设计教学和专业工程实践的关系、本专业和其他专业的学科交叉关系等，构成了一个复杂的系统工程。把专业教学提高到系统工程的角度去认识，从方法论上开拓新的专业视野，同时从理论上找到依据。

在具体的教学模型建构中，尝试引用"模块化理论"。教学模型中的各教学板块具有模块的特征。"模块"指半自律属性的子系统，可以通过和其他同样的子系统按照一定的规则相互联系而构成更加复杂的系统。

教学模块就具有"半自律性"，因为它还受到教学整体系统"规则"的限制，它是一个子系统。"教学模块"之间的联系是按一定的"规则"联系的，它在"规则"的指导下是相对独立的；"教学模块"可以"模块分解化"和"模块集中化"；理论上，通过模块分解化和模块集中化可以集成无限复杂的系统。这也就是教学模型千差万别的原因。

"教学模块"是可操作的。在教学的体系结构中，教学模块是可组合、分解、重复、更换的单元，包括：（1）分离教学模块；（2）用更新的教学模块设计来替代旧的教学模块设计；（3）去除某个教学模块；

(4)增加迄今为止没有的教学模块,扩大系统;(5)从多个教学模块中归纳出共同的要素,然后将它们组织起来,形成设计层次中的一个新层次(模块的归纳 Inversion);(6)为教学模块创造一个"外壳",使它成为待在原来设计的系统之外也能发挥作用的模块(模块用途的改变 Porting)。

有了"系统工程学"和"整体论"作为宏观上的方法论,有了"模块化理论"和"还原论"作为微观上可操作的方法论,建立一个环境艺术设计教学新模型的思路就很清晰了。

4.2 环境艺术设计教学模块化新模型探索
4.2.1 环境艺术设计专业模块化教学模型结构

运用模块化理论将整个模型逐级模块化、逐级深化、细化、量化,根据第二章中对国内国外环境艺术设计教学进行横向和竖向分析研究以及通过对比国内主要院校的环境艺术设计教学模式,得出研究结论:重视整体环境观的教育,树立整体的建筑观、景观设计观和室内设计观,运用生态审美意识去培养"开拓型、会通型、应用型"的环境艺术设计创新人才是适合于21世纪可持续发展的现代设计教育模式。针对环境艺术设计专业的特点,接轨学院共同教育实行分段式本科教学机制具有科学依据,强化学生的基础能力,有助于使学生获得较为全面的训练,提高学生的整体控制能力。强调跨学科、多技能与全视界的素质教育,培养专业基础扎实、思维活跃、学术视野开阔,具有较高艺术修养,较强设计能力的复合型人才。

本科教学对教学模型的探索是一个永恒的话题。基于以上内容的种种分析,基于本人20多年的环境艺术专业从大学到博士研究生的求学经验、设计实践经验、工程实践经验、在大学环境艺术设计专业的教学经验,以及从科研项目开题以来对国内这个领域的专业人员长达3年的采访和收集资料过程中获取的资料、直接和间接经验,及基于长期以来本人在这个领域工程具体实践和教学中耳濡目染遇到的问题,尝试着去发现这个领域的问题的原因,试图以系统工程学、模块化理论、整体论、还原论为方法论——建立一个环境艺术设计专业模块化教学新模型。作为尝试解决这个问题的办法，其基本思路是：先将整个教学系统按照模块化理论分离出 7 个大模块，再按照这 7 个大模块去设计更多的相关子模块来构成整个教学系统，这些子模块根据需要可增加或减少，以及更新内容，升级换代，再按照子模块中更小的模块的逻辑性归纳成新的层次，形成每学年的课程表。以下为《环境艺术设计专业模块化教学模型结构图》：

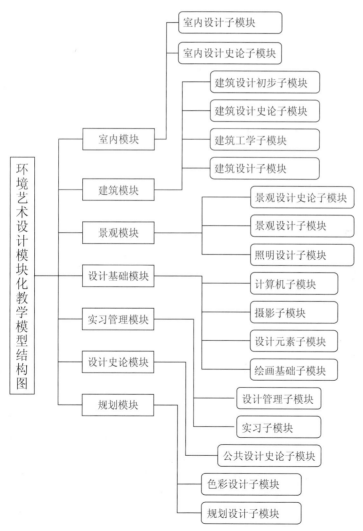

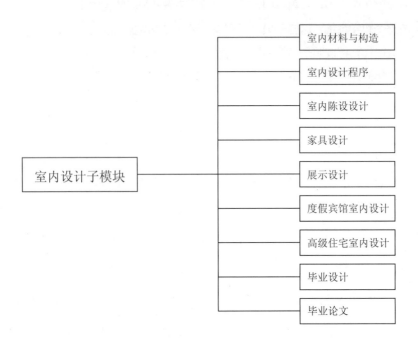

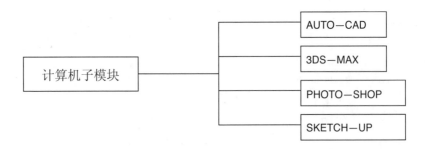

第4章 环艺设计教学新模型构想（建立新模型）

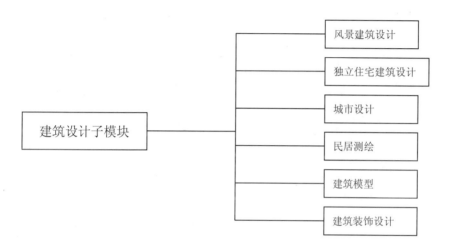

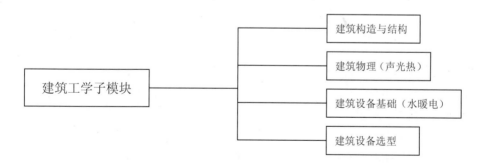

环境艺术教学控制体系设计

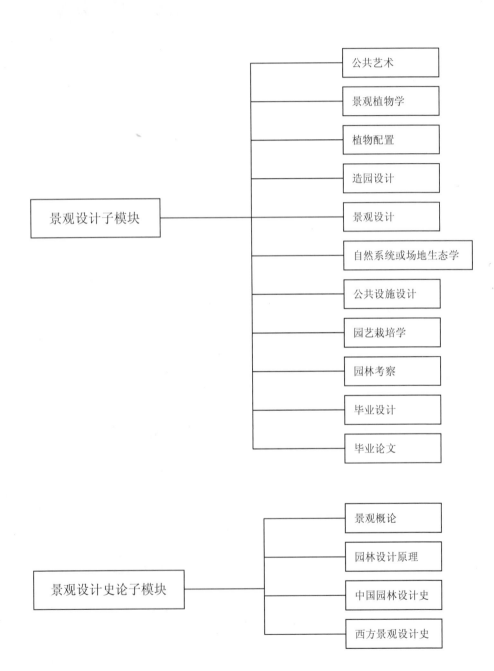

第4章 环艺设计教学新模型构想（建立新模型）

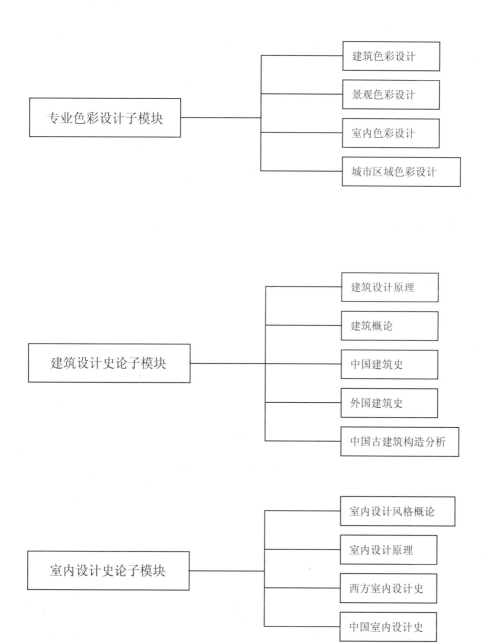

环境艺术教学控制体系设计

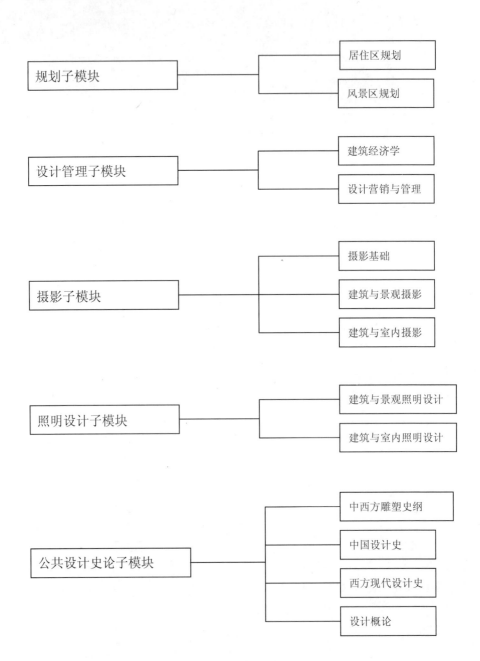

第4章 环艺设计教学新模型构想（建立新模型）

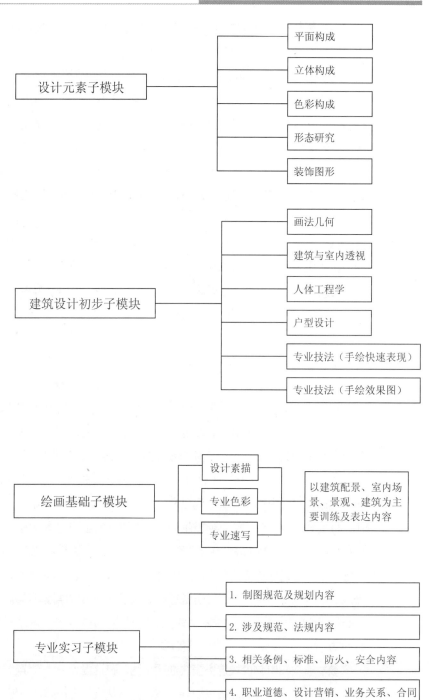

关于教学模块的分离、更新、增加、减少、归纳以及为模块创造一个"外壳"：为了便于宏观上的教学管理，把整个教学系统分离成几个大的教学模块，即教学模块的分离，例如本文将整个教学系统分为"室内、建筑、景观、规划、史论、设计基础、实习"7个大模块。再以"计算机模块"举例说明，在20世纪90年代之前，国内的环境艺术设计专业是没有计算机课程的。随着计算机技术的不断成熟，相关设计应用软件的不断开发，计算机使用范围也不断扩大。后来计算机逐步进入绘图设计行列，并大幅度提高了设计效率，于是环境艺术设计专业开始开设计算机绘图软件的课程，最早是AUTO—CAD，后来不断增加更多品种的其他软件，如：3DS—MAX等。于是，我们可以理解为教学模型中增加了新的模块，即"模块增加"。 3DS—MAX和AUTO—CAD几乎每年都有更新的软件出现，也就是软件不断升级，我们可以理解为"模块更新"。有些课程，例如早期中央工艺美术学院的室内设计专业有一门课叫"装饰织物设计"，随着室内设计概念内涵的不断变化，即由室内装饰走向室内空间设计，加上与建筑设计相关课程的不断增加，现在已经没有"装饰织物设计"这门课程了，这可以理解为"模块减少"。将所有的设计史论子模块课程集合起来，归纳成一具有相同性质的模块"设计史论模块"，即教学"模块的归纳"。 为模块创造一个"外壳"，也就是在这里所说的建立一个模块系统或模型。通过将模块不断地分离、更新、增加、减少、归纳，以及为模块创造一个"外壳"，使模块本身的内涵以及模块内部子模块之间以及模块与模块之间的相互关系发生变化，最后导致教学模型的不断发生变化。同时，教学控制体系内容也要作相应调整。所以我们说，伴随着教学模块的分离、更新、增加、减少、归纳，以及为模块创造一个新的"外壳"，专业教学模型呈现为动态的、开放的教学模型体系。本课题所说的专业教学模型与教学控制体系都是动态的、开放的模型和控制体系。稳定是暂时的、相对的，变化是永恒的、绝对的。

教学模块和电脑模块这类模块性质不同。在这里，一个教学模块里面的子模块是按相近的性质来划分从属，便于从宏观上把握，但是一个教学子模块不一定全部都固定在一个时空段使用，它多半是根据课程模块的性质、特征、功能，将子模块中的更小模块，按照教学的逻辑性分散在不同时空段来使用的。

教学模块及教学模型构成了环境艺术设计教学的知识系统，这个系统是不断要进行新陈代谢的。根据目前中国美术学院环境艺术设计系以及国内其他学校的经验，一般4～5年，要根据环境艺术设计行业的不断发展和知识与技术手段的更新，对教学模块和模型进行调整修订。

4.2.2　环境艺术设计专业教学新模型的5个核心内容

《环境艺术设计专业模块化教学模型结构图》即环境艺术设计专业教学新模型的核心内容是基于以下5个方面：

1	五年制教学模型
2	四段式教学模型
3	增加工程实践类课程
4	增加有关工学课程
5	文理兼收模式

基于以上5项核心内容和模块化理论，设置模块化的教学模型，以下逐一解释这五项核心内容。

1. 5年制教学模型

环境艺术设计专业以5年制的教学模型为宜。环境设计专业范围较广，实践性强，涉及学科门类较多，如：设计基础、建筑基础、建筑设计、专业基础、室内设计、景观设计、设计历史及理论、电脑软件学习及使用、毕业设计及论文等。尤其是专业实践一项耗费时间较多，环境艺术设计专业是一个实践性很强的专业，现在几乎所有学校的学生参与实践的时间都不够，以至于所学专业知识与实践连接不上，甚至造成了学生对专业的认识深度不足，影响了后续课程的深入学习；造成了参加工作后工作单位要花很多时间培训新人。因此，要想把这些课程扎扎实实地学好，培养出市场合用的合格人才，笔者认为，以5年制较为适宜。中央工艺美术学院在20世纪50年代开办室内装饰系时，采用的也是5年制教学模型；现在国内的建筑设计专业也多为5年制教学模型，以建筑学院为依托的环境艺术设计专业也是5年制教学模型，例如，现在中央美院建筑学院下属环境艺术设计专业就是5年制。

2. 四段式教学模型

设置四段式教学模型，是参考了国内外的专业教学模型以及目前国内的专业教学与实践的实际情况而定的。

（1）有针对性的设计基础教学模块（1学年）

现在许多学校的设计基础部教学，是将所有设计专业的学生放在一起统一教学，不分专业，强调共性，忽略个性。但是在有些院校比如清华大学美术学院基础部的教学，在经历了20多年的历史后，逐渐变成了现在的状态，即：在共性当中保持个性教学，强调设计基础教学的专业适应性、方向性，并非每个专业的基础教学都一样，而是有相同部分有不同部分，而不同部分的课程及内容正是针对各自不同的专业特点而设。

通过设计基础训练，学生可获得一个相对全面的有关设计的基本认识和基本的设计理解能力。

教学模块课程设置参考

	第一学年设计基础教学模块课程设置参考
课程名称	设计素描（器物、室内、建筑、景观），专业色彩（器物、室内、建筑、景观），专业速写（器物、室内、建筑、景观），平面构成，立体构成，色彩构成，装饰图形，形态研究，摄影基础 设计概论，西方现代设计史，中国设计史

(2) 建筑设计课程模块（2学年，含建筑设计实践）

建筑设计是环境艺术设计的重要基础之一。据本人访谈专业人士统计，无论是装饰设计公司的业务领导还是环境艺术设计专业毕业的从业人员，在谈到建筑和室内设计、景观设计的关系时，无不强调环境艺术设计专业的毕业生在建筑知识方面的匮乏导致在工作中的被动。建筑学院背景的环境艺术设计专业，如东南大学建筑学院环境艺术设计专业，工科背景，更是将学制定为2+3，即2年建筑设计课程，3年景观设计课程（含半年设计实习和半年的毕业设计）。同济大学建筑学院内设的室内设计专业也是工科背景，与东南大学环境艺术设计专业的办学思路基本一致，只是专业不同而已。

该阶段以建筑基础、建筑专业设计及其理论为主，环境艺术设计专业的主要共学课程均在该阶段完成。因为建筑基础、建筑专业设计及其理论是环境艺术设计的母体，无论是室内设计还是景观设计，都和建筑设计基础有千丝万缕的联系。目的是使学生通过此阶段的学习，为下一阶段室内设计及景观设计专业教学作准备。此阶段为环境艺术设计专业学习的基本阶段，也是作为室内设计以及景观设计教学环节中承上启下的关键阶段。

本教学模块课程设置参考

	第二三学年建筑设计课程模块设置参考
第二学年	画法几何，建筑与室内透视基础，专业表现技法（手绘效果图），专业表现技法（手绘快速表现），人体工程学，专业色彩设计，居住区规划，风景区规划，户型设计，计算机辅助设计（AUTO-CAD），设计院实习（侧重制图规范及规划内容） 建筑设计原理，建筑概论，中国建筑史
第三学年	建筑模型，建筑构造与结构，建筑物理（声光热），建筑设备基础（水暖电），建筑设备选型，民居测绘，城市设计，风景建筑设计，独立住宅建筑设计，计算机辅助设计（3DS-MAX, PHOTO-SHOP, SKETCH-UP），设计院实习（侧重设计规范、法规） 中国古建筑构造分析，外国建筑史，建筑经济学

在这里，需要强调的是，环艺系开设的工科内容和开在建筑系的工科内容是不完全一样的，即使科目名称一样。在这里的工科内容重点更多的是强调该科内容和室内设计的关系，那是一个室内设计师所必备的知识技能。

（3）模糊景观设计与室内设计专业教学模块（1学年，含工程实践）

这一阶段主要学习室内设计及景观设计的基本理论、基本知识和相关的设计技能，使学生通过学习室内设计及景观设计理论锻炼设计思维能力，通过专业造型基础、设计原理与方法、工作室及工程实践能力的基本训练，具备了解室内设计及景观设计的历史及现状，了解专业最新成就的发展趋势。

这一年实际上是将景观设计与室内设计课程模块交叉安排，以便将前两年的建筑设计知识结合在景观设计与室内设计课程上。同时也是希望学生对建筑设计、景观设计、室内设计三者之间的相互关系再思考，用整体的、系统的思维方式去理解环境艺术设计范畴内相关的各种因素，及其如何协调这些因素，而不是孤立的考虑单一的设计对象。据本人调研中国美院环艺系毕业生数人，这种综合性的课程设置，为以后的设计实践提供了较宽的设计视野和宏观把握设计能力。

本教学模块课程设置参考

	第四学年环艺设计课程模块设置参考
第四学年	室内材料与构造，室内设计程序，室内陈设设计，家具设计 室内设计原理，西方室内设计史，中国室内设计史 景观植物学，植物配置，造园设计，公共艺术，设计院实习（侧重相关条例、标准、防火、安全） 景观概论，园林设计原理，中国园林设计史，西方景观设计史

（4）景观设计或室内设计教学模块，并以所选方向作为毕业设计（1学年，含实习）

最后一年的分专业教学，是让学生在前面一年设计基础、两年建筑设计基础和一年"景观、室内模糊教学"的基础上，根据自己的喜爱学有所专，学有所长，同时也在毕业之际做出一个有深度的设计项目。我认为：一个学科不可能承受太多的期望和寄托，更不要搞"万金油"。环境艺术设计只能以建筑设计为基础开出两个专业方向，景观设计和室内设计，而建筑设计由专门的建筑系来完成正规的专业教学。无论是美院建筑系还是工科建筑系，一般还要5年，环艺系在有限的时间里既不要去重复别人的路子，更不要忘记了自己的任务。

学生在此之前取得合格的学分，毕业设计主题定位和论文的开题报告通过审批过关，才能顺利进入毕业学位课程的学习。学生在前面课程的基础上在最后一年有所侧重地去发展自己的爱好和特长，以景观设计或室内设计为方向进行毕业设计和论文，毕业设计课程包括综合性较强的毕业设计与毕业论文。

FIDER 标准中有关课程内容和要求

	专业	第五学年环艺专业的两个专业方向课程模块设置参考
第五学年	室内设计	展示设计，建筑装饰设计，度假宾馆室内设计，建筑、室内照明设计，建筑与室内摄影，高级住宅室内设计，室内设计风格概论，中西方雕塑史纲，设计营销与管理 毕业实习（侧重职业道德、设计营销、业务关系、合同），毕业设计，毕业论文
第五学年	景观设计	园艺植栽学，园林考察，公共设施设计，景观设计，建筑与景观摄影，建筑、景观照明设计，自然系统或场地生态学 中西方雕塑史纲，设计营销与管理 毕业实习（侧重职业道德、设计营销、业务关系、合同），毕业设计，毕业论文

四段式5年制教学模式，一年级培养学生从"自然人"到掌握一定专业知识的"专业人"；二三年级开始打好专业基础——建筑设计基础课程；从四年级到五年级，则重点培养学生从专业人到具有一定职业能力的设计者，以开拓型、会通型、应用型的创新人才为育人建设重点；从五年级到毕业则选择一门作为突破，再提高，并对本科阶段的学习作一总结。

（注：在以上1～5年的课程表安排中，每个学年的专业课程模块比实际需要稍多一点，以供不同情况有所选择。人文社科内容课目不在此列）

3. 增加工程实践类课程

实践类课程的缺失、不足或流于形式几乎是该专业国内外教学的通病。美国麻省理工学院（MIT）成立于1895年，是美国最古老最优秀的建筑系之一，但是近年来一直在走下坡路，陷入了"只谈社会政治问题，却忽略设计的基本问题"的教育怪圈。2005年春天，中国建筑师张永和受邀就任美国麻省理工学院（MIT）建筑系主任，成为首位执掌美国建筑研究重镇的华人学者。吸引MIT的是张永和的建筑师出身和多年在美国执教的经验。与那些只谈理论的建筑学家不同，张永和拥有自己的建筑事务所，有深厚的实践经验，并曾在美国多间大学执教，对美国的建筑系教育现状非常了解。张永和到任后，立即进行教学改革，他修改教程，其中最重要的就是增加学生的专业实践的内容。现在任期过半，MIT建筑系在他的带领下，地位迅速提升。在张永和到来之前，MIT在美国大学建筑类专业排名中排在第8名，而今年的排名则跃升到了第2名。① 无独有偶，早期的广州美术学院的工艺美术系在国内同行中没有什么特色和名气。改革开放后，由于广州地处改革开放前沿，设计市场空前繁荣，设计实践机会多，于是工艺美术系日渐壮大改为设计学院，下属各专业设计系，其中以环境设计系（现改为"建筑与环境设计系"）最为出名。专业创建之初，以该专业教师为基础成立的"广东省集美设计工程公司"，成为国内高校教学单位中最早探索现代设计实践教学与经营的知识群体。从此，该系产、学、研一体化的教学队伍及其教学成果，一直在社会上有良好反映，十几年来成为中国建筑与环境艺术教育的一支重要力量。该系学生近年来的作品在国内外竞赛、评比中取得优异成绩，2003年至2004年连续两年获得全国高校环境艺术设计专题

---

① 外滩画报，总第303期——张永和专访，A20，2008年9月25日。

年毕业设计作品评比金奖、广东省首届大学生建筑设计竞赛金奖。该系2005届毕业生罗振华等同学的建筑设计研究作品"风的住宅——热舒适住宅研究"刊登在2005年第6期的英国牛津布鲁克斯大学杂志《be》封面，获国际权威刊物首肯。

4. 增加有关工学课程

这一块内容具体落实在四段式教学的第二段里面，"两年制的建筑设计课程模块"。主要包括建筑物理、建筑结构、建筑材料等课程，增加有关工学课程的出发点是基于工程设计及施工实践的需要。工学课程的缺失是目前国内艺术院校环境艺术设计专业的软肋，基于文科类艺术院校的学生的理工基础，可以将有关工学课程的内容在难度上区别于工科类建筑学院，但是一定要有。环境艺术设计专业是一门艺术和技术结合的专业，这在业内和实践中已成共识，在这里所说的技术，正是工学内容。于是，这就引出了另一个内容，即下面第五个内容。

5. 文理兼收模式

笔者曾采访江南大学院研究生院原院长张福昌教授，张福昌先生在20世纪80年代曾留学日本千叶大学。据张先生介绍千叶大学的许多设计专业就是文理兼收。张先生留学回来后于1985年率先在江南大学室内设计专业实行文理兼收制度，后来进而蔓延到产品设计专业。该教学改革项目后来获全国优秀教学成果奖。据跟踪该校毕业学生调查（采访浙江工业大学之江学院设计学院院长，原江南大学工业设计专业毕业生），工科生源学生毕业后也有不少转行，但是中间层次较少，大部分普遍有发展后劲，上升空间较大，比较成功，整体呈一头大一头小的不规则哑铃形分布。由于现行的学科设置，进校前期主要是基础课，艺术类学生成绩较好，但过了这个时期就优势不在。艺术类生源毕业后比较差的较少，中间状态较多，由于普遍后劲不足，故比较成功的也较少，整体呈菱形分布。文理生源两者相加，就成为一头大一头小的梯形，这是比较理想的形态。故文理科兼收的优势就在于使该专业学生进入社会后，在该专业的高端和中段都有相当数量的学生保持优势。现在的专业设置状态是：几乎所有美术学院的环境艺术设计专业均为文科类生源；国内的一些工学院及林学院的一些相关专业是理工科生源。这样的状态使学生在个人优势上不断扩展，但是在专业"短板"方面却没有得到长足的长进和补充。文理兼收的模式不仅可以使文、工科学生在专业技能上互通有无、取长补短、共同进步，甚至在思维方式、学习方式和工作态度等诸方面都有互补优势。

第5章 环艺设计教学控制体系研究

5.1 建立教学控制体系的意义

在环境艺术设计的教学中，可以采用一定的技术手段，对教学中的各个环节的问题进行收集、整理和分析，通过这种方法，可以发现我们评价的对象，如课程方案、教学计划、教师工作、学生学习等存在的不足和有待改进的地方，判断出它的形成原因，从而研究出合适的解决方法。全面的评价工作不仅能估计学生的成绩在多大程度上实现了教学目标，而且能解释学生的设计创新能力欠缺的原因，使得教师能够更有针对性地与学生交流进行辅导，提高学生整体的设计水平。同时也是学校对规范化管理和外部世界的专业发展状态的一个不断了解的过程。

教学评价在教学过程中还能起到激励教师教学和学生学习的作用。评价能够反映出教师的教学成果和学生的学习成绩。研究表明，在一定限度内经常做记录成绩的测验对学生的学习动机具有很大的激发作用。这是因为较高的评价能给学生以心理上的满足和精神上的鼓励，可以激发他们向更高目标努力的积极性；同样教学评价对教师也有督促作用，室内设计专业教师会为了能够较好地完成既定的教学目标，提高所带班级的整体教学水平而努力工作。

通过环境艺术设计教学评价最后的反馈信息，可以使教师及时知道自己的教学情况，也可以使学生得到学习成功和失败的体验，从而为师生调整教与学的行为提供客观依据。教师能更有针对性地修订教学计划，改进教学方法，完善教学指导；学生也由此总结学习策略，改进学习方法，增强学习的效果。这样环境艺术设计教学就成为一个随时得到反馈调节的可控系统，教学效果也就越来越接近我们的预期目标。

5.2 环艺教学控制体系

5.2.1 美国室内设计教育鉴定标准

如果从中央工艺美术学院在1957年建立室内装饰系开始算起，我们国家环境艺术设计教育距今也有50多年的历史。但是新中国成立后直到20世纪80年代初,由于历史上政治、经济等的种种原因,我国的环境艺术设计教育中断了10年,体系还不完善。改革开放后,90年代前后,全国各地院校纷纷建立环境艺术设计系,水平参差不齐,快速的经济发展导致行业浮躁,目前还没有较为系统的环境艺术设计教育评价标准。

美国的室内设计教育的形成至今也有50年的历史,其专业历史并不久远。但是其对室内设计教育的评价体系却有一定的研究,并形成了一个相对完善的体系,值得我们国内的设计教育工作者加以借鉴。

美国室内设计教育研究基金会,The Foundation for Interior Design Education Research (FIDER),是审核鉴定美国高等学校室内设计教育的主要机构。它的宗旨是"通过研究和鉴定室内环境教育的水准来促进室内环境设计的发展"。[①] 具体方法是:建立一套完整的室内设计教育标准,以此来检验国内所有的室内设计教育的水准。这一机构被美国教育部和其他室内设计教育相关的协会所承认。FIDER认证的室内设计专业院校毕业出来的学生在社会上行业内受到认可,FIDER认证的这一专业学历无论是对学生求职还是深造皆有帮助。一名室内设计本科毕业生如果毕业于一所被FIDER所承认的学校,即意味着他(她)已达到从事室内设计的基本条件。

美国室内设计教育研究基金会的审核鉴定标准相当全面,内容包括从教学指导思想、课程设置,到有关学生教师以及设施与管理等诸多方面,而教学评价是室内设计教育的核心,下面介绍一下FIDER对于室内设计课程设置的标准和要求。

FIDER标准将室内设计教学课程分为8类:(1)理论类;(2)基础造型艺术类;(3)室内设计类;(4)技术知识类;(5)表现与表达技巧类;(6)职业知识类;(7)历史类;(8)信息技术类。针对这些不同类型的科目,FIDER标准又将学生对知识掌握的不同程度分为:一般性

---

① 董伟《美国室内设计教育质量鉴定》[J] 世界建筑,1998,5。

了解、理解与掌握和熟练应用 3 个层次。① 一般性了解指学生能熟悉课程所传授的信息及工作过程，并能根据将来的实际工作情况联想到所学的有关知识。理解与掌握指学生能细致准确地掌握专门知识，对主要概念有全面深入的理解，而且能够解释相关概念之间的关系。熟练应用指学生能运用所学知识，成功地完成具体的设计任务。

FIDER 标准中有关课程内容和要求设置 ②

课程内容	要求程度	课程内容	要求程度
一、理论		三、室内设计	
1. 构图原理	理解与掌握	1. 设计过程（任务书编制、立意解决问题、评价）	熟练应用
2. 色彩	理解与掌握	2. 三维空间设计（如模型、表现图、空间模拟）	熟练应用
3. 立体构成	理解与掌握	3. 人体因素（如人体比例尺度、人体工程学）	熟练应用
4. 人与环境（如行为科学、空间关系等）	理解与掌握	4. 居住空间设计	熟练应用
5. 设计理论（如空间规划方法设计风格论等）	理解与掌握	5. 非居住空间设计	熟练应用
二、基地造型艺术		6. 住宅家具选型与布置	熟练应用
1. 平面设计基础	熟练应用	7. 非居住环境家具选型与布置	熟练应用
2. 立体设计基础	熟练应用	8. 构图原理应用（如色彩、质地、尺度等）	熟练应用
3. 造型艺术与工艺（如绘画、雕塑、陶瓷、编织、摄影等）	一般性了解	9. 饰面材料选用（如织物、地面、墙面等）	熟练应用

---

①、② 冯晋《美国室内设计教育鉴定标准》[J]，世界建筑，1998，5。

续表

课程内容	要求程度		课程内容	要求程度
10.装饰性陈设选用(陈设、艺术品等)	熟练应用		4.施工图(制图、工程学、符号、尺寸标注)	熟练应用
11.照明	熟练应用		5.计算机(计算机辅助设计、字处理、图形处理)	理解与掌握
四、技术知识			6.图形标志	理解与掌握
1.制家具、固定家具细部大样设计	熟练应用		7.其他表现手段(摄影、录像、多媒体等)	一般性了解
2.装饰材料(如面料与织物)	熟练应用	六、	职业知识	
3.法规、标准(防火、安全、残疾等)	熟练应用		1.室内设计行业、专业协会、相关行业	理解与掌握
4.施工说明、预算、安装	理解与掌握		2.经营与职业运作(如职业道德、管理、业务关系等)	理解与掌握
5.结构体系与材料	理解与掌握		3.工程管理与合同	一般性了解
6.建筑系统(如电器、声学)	理解与掌握	七、	历史	
7.建筑系统(如暖通空调、给水排水)	一般性了解		1.室内设计史、艺术史、建筑史	理解与掌握
8.公制度量	一般性了解		2.家具史、织物史、陈设史	理解与掌握
9.环境保护(能源、生态、空气、质量、可持续性材料)		八、	信息技术	
五、表现与表达技巧			1.信息收集技术(如抽样调查、文献检索、实地观察)	熟练应用
1.视觉表现(如草图、渲染图、选材样板)	熟练应用		2.专业参考文献(如法规、条例、标准等)	熟练应用
2.口头表达	熟练应用		3.最新科研成果	一般性了解
3.文字表达	熟练应用			

从上面的表格不难看出，这是建立在行业用人市场基础上的控制体系。美国室内设计教育研究基金会对室内设计课程设置的要求分得非常细，从理论学习方面的内容，到室内设计教学实践，艺术美学、工程技术，体现出紧密结合室内设计行业市场需要的务实精神，为造就实用的室内设计专门人才提出了行业基本标准。自美国室内设计教育研究基金会 1970 年成立以来，对美国的室内设计教育事业作出了巨大的贡献，它有效地控制了室内设计教学的质量，可以说，对于我国环境艺术设计教育的专业化与规范化的发展具有一定的参考价值。

5.2.2　环境艺术设计教学控制体系方法论探索

控制论与控制理论是系统工程的理论基础之一。自从 1948 年美国人诺伯特·维纳发表了著名的《控制论——关于在动物和机器中控制和通讯的科学》一书以来，控制论的思想和方法已经渗透到几乎所有的自然科学和社会科学领域。维纳把控制论看做是一门研究机器、生命社会中控制和通信的一般规律的科学，更具体的说，是研究动态系统在变的环境条件下如何保持平衡状态或稳定状态的科学。

在控制论中，"控制"的定义是：为了"改善"某个或某些受控对象的功能或发展，需要获得并使用信息，以这种信息为基础而选出的、于该对象上的作用，就叫做控制。由此可见，控制的基础是信息，一切信息传递都是为了控制，进而任何控制又都有赖于信息反馈来实现。信息反馈是控制论的一个极其重要的概念。通俗的说，信息反馈就是指由控制系统把信输送出去，又把其作用结果返送回来，并对信息的再输出发生影响，起到控制的作用，以达到预定的目的。

控制论系统的主要特征有四个：

第一个特征，是要有一个预定的稳定状态或平衡状态。

第二个特征，是从外部环境到系统内部有一种信息的传递。

第三个特征，是这种系统具有一种专门设计用来校正行动的装置。

第四个特征，是这种系统为了在不断变化的环境中维持自身的稳定，内部都具有一种自动调节的机制，换言之，控制系统都是一种动态系统。

教学管理活动中的控制工作，是一个完整的复杂过程，也可以说是管理活动这一大系统中的子系统，其实质和控制论中的"控制"一样，也是信息反馈。从管理控制工作的反馈过程可见，教学管理活动中的控制工作与控制论中的"控制"在概念上有相似之处：

（1）二者的基本活动过程是相同的。无论是控制工作还是"控制"都包括三个基本步骤：1）确立标准；2）衡量成效；3）纠正偏差。为了实施控制，均需在事先确立控制标准，然后将输出的结果与标准进行比较；若现有偏差，则采取必要的纠正措施，使偏差保持在容许的范围内。

（2）教学管理控制系统实质上也是一个信息反馈系统，通过信息反馈，揭示管理活动中不足之处，促进控制系统进行不断的调节和改革，以逐渐趋于稳定、完善，直达到优化的状态。

（3）教学管理控制统和控制论中的控制系统一样，也是一个有组织的系统。它根据系统内的变化而进行相应的调整，不断克服系统的不肯定性，而使系统保持在某稳定状态。

在现代的管理活动中，无论采用哪种方法来进行控制工作，要达到的第一个目的，也就是控制工作的基本目的是要"维持现状"。即在变化着的外环境中，通过控制工作，随时将计划的执行结果与标准进行比较，若发有超过计划容许范围的偏差时，则及时采取必要的纠正措施，以使系统趋于相对稳定，实现组织的既定目标。

控制工作要达到的第二个目的是要"打破现状"。在某些情况下，变化的内、外部环境会对组织提出新的要求。这时，就势必要打破现状，即修改已定的计划，确定新的现实目标和管理控制标准，使之更先进、更合理。

5.2.3 可更换模块，可升级系统

建立一个适合我国国情的教学参考模型是提高我国环境艺术设计教

学水平的第一步，建立一个适合我国国情的环境艺术设计教学控制体系是第一步的保障，非常有必要。专业教学模型和教学控制体系二者之间的关系就是受控对象和控制系统之间的关系：一方面，教学控制体系的首要目的就是对教学模型主要内容进行控制，"维持现状"。将计划的执行结果与标准进行比较，以使系统趋于相对稳定，实现组织的既定目标。另一方面，在社会不断进步的情况下，变化的内、外部社会环境会对教学模型或教学控制体系提出新的要求，教学模型或控制体系势必改变它的内容、更换教学模块和控制体系内容以适应新的变化，现状就被打破，重新确定新的教学模型和新的教学控制体系成为必然。这也符合控制论系统的主要4个特征。控制系统都是一种动态系统。

5.2.4　我国环境艺术设计教学控制体系探索

国外的室内设计不等同于国内的环境艺术设计。国外的经济、技术情况和国内情况不同。国外的方法可以借用，但内容要结合自己的国情。综合国内外的做法，以控制论为方法论，本文尝试提出国内环境艺术设计课程教学的控制体系，这个控制体系只是站在市场和前瞻的角度，对专业教学的核心提出要求，使之不要脱离专业市场方向，并不具体到所有单个的、所有的教学模块，有抓有放。

中国环境艺术设计专业教学控制体系（控制内容及标准）

	课程内容	要求程度		课程内容	要求程度
一、	设计基础		二、	专业理论	理解与掌握
	1. 平面设计基础	理解与掌握		1. 建筑设计原理、室内设计原理、园林设计原理	理解与掌握
	2. 立体设计基础	理解与掌握		2. 景观概论、室内设计概论、建筑概论	理解与掌握
	3. 专业设计色彩	理解与掌握		3. 中西方雕塑史纲	理解与掌握

续表

课程内容	要求程度	课程内容	要求程度
4. 城市设计原理	理解与掌握	5. 建筑设备基础（水暖电）	理解与掌握
5. 设计概论	一般性了解	6. 法规、标准（防火、安全、条例等）	理解与掌握
三、室内设计		7. 建筑经济学	理解与掌握
1. 室内设计程序	熟练应用	五、景观设计	理解与掌握
2. 室内人体工程学	熟练应用	1. 自然系统或场地生态学（能源、生态、空气、质量、可持续性材料）	一般性了解
3. 家具设计、选型与布置	熟练应用	2. 景观植物学	理解与掌握
4. 居住空间设计	熟练应用	3. 植物配置	理解与掌握
5. 非居住空间设计	熟练应用	4. 公共设施设计	理解与掌握
6. 室内照明设计	熟练应用	5. 园艺植栽学	理解与掌握
7. 室内陈设设计	熟练应用	6. 建筑、景观照明设计	熟练应用
8. 室内构造与材料	熟练应用	7. 风景建筑设计	熟练应用
四、建筑设计基础		8. 风景区规划	熟练应用
1. 建筑构造与结构	熟练应用	六、表现与表达技巧	
2. 建筑模型	熟练应用	1. 视觉表现（如草图、渲染图）	熟练应用
3. 建筑构造与结构	理解与掌握	2. 施工图（制图、工程学、符号、尺寸标注）	熟练应用
4. 建筑物理（声光热）	理解与掌握	3. 计算机（计算机辅助设计、图形处理）	熟练应用

续表

课程内容	要求程度	课程内容	要求程度
4. 其他表现手段（建筑与景观、室内摄影、录像、多媒体等）	一般性了解	2. 中外家具设计史、中外园林（景观）设计史	理解与掌握
七、职业知识		九、信息技术	
1. 设计营销与管理	理解与掌握	1. 信息收集技术（如抽样调查、文献检索、实地观察）	熟练应用
2. 环艺设计行业、专业协会、相关行业	一般性了解	2. 专业参考文献	熟练应用
八、历史		3. 最新科研成果	一般性了解
1. 中外室内设计史、中外建筑设计史、	理解与掌握	4. 期刊网、专业网站	一般性了解

虽然我们可以用一定的指标来衡量环境艺术设计的教学，但是我们也应该意识到环境艺术设计教学由于存在其自身的特点，与其他学科相比较，应该在强调核心内容规范性之外，不应追求教学模式的千篇一律。这也是给予教学单位一定的自由度，鼓励和支持特色办学，理论和实践相结合，鼓励创新，以实现教学模型和控制体系内容的不断更新。

对课程的要求构成了环境艺术设计教育的知识构架，随着环境艺术设计行业的不断发展和知识与技术手段的更新，这一标准也将随之变化。根据美国的同行业经验：这一鉴定标准在 5 年之内根据新发展至少要进行一次审核修订。国内的各校教学模型一般也是 5 年左右修订一次，那么，教学模型和教学控制体系的修订应该是同步的。

5.2.5　我国环境艺术设计教学控制体系的运作方式

制定这个环境艺术设计教学控制体系，还应该有一个运作机制，以发挥它的作用，对专业教学施加影响。

FIDER自成立至今40年以来，对美国室内设计教育事业作出了重大贡献，它不仅有效地控制着室内设计教学的质量，而且还是学校与专业设计之间相互沟通的媒介。同时，它为美国室内设计专业能得到与其他专业学科同等的学术和社会地位起到了巨大作用。FIDER的目的绝不是鼓励学校间的竞争或以某种手段来压抑学校教学的主动性和"特色"，而是使每个室内设计专业能达到社会对一位室内设计学生毕业后的基本要求。实践证明，无论是从专业要求、社会期望、市场发展到使室内设计继续成为高等综合学科，我们都需要有一个有效的管理和评定系统来不断提高我们的设计教育水准。[①]

美国自1970年成立FIDER以来，至今已有40年的历史和经验，他们叫"室内设计质量鉴定"，FIDER运作机制已经很成熟，其经验完全可以"拿来"。《诗·小雅·鹤鸣》有"他山之石，可以攻玉"之说。目前我们国内还没有类似的专业教学控制体系，让我们借鉴一下美国FIDER的运作经验，尝试建立国内的环境艺术设计专业控制体系运作机制，本文权作抛砖引玉。

由教育部或其他环境艺术设计专业的官方组织出面组织建立一个"中国环境艺术设计教学监控机构"（以下简称"机构"），除去几名日常办事人员之外，从执行主席、各部门、项目负责人到所有鉴定人员都是兼职的。"机构"的经费由官方以及申请达标的学校所交的费用和专业协会、公司及个人的赞助而来。理事会是全权决策机构，一般由8～12人组成，每名成员都代表着全国不同的环境艺术设计教育和实践的组织。例如1位代表"中国美协环境艺术设计委员会"，1位代表"中国建筑协会室内设计分会"，1位代表"中国室内设计装饰协会"，另1位代表"中国风景园林学会"，还有人代表"中国建筑协会"、"某某设计研究院"、"某某建筑工程公司""某某装饰公司"、"某某景观工程公司"及1位代表中国公众等。该"机构"主要有3个委员会，即：1.鉴定委员会，负责评定所有申请学校是否达标；2.标准委员会，负责制定

---

① 董伟《美国室内设计教育质量鉴定》[J] 世界建筑，1998，5。

和修改各项标准；3. 研究委员会，负责研究室内设计新的课题并向标准委员会提供建议。鉴定委员会下属一个鉴定人员机构，由环境艺术设计师和教师组成。对所有从事环境艺术设计教育和实践的人员来说，能参与该"机构"的工作既是一种荣誉，更是一种严肃的责任。每位工作者都得经过周全的评定和推荐，才能参与工作。为能达标，申请学校从师生到领导全都要付出几年的艰辛努力。作为鉴定人员既要珍视和尊重申请学校所付出的努力，更要掌握原则和标准。

所有申请达标的学校都要向该"机构"缴纳费用，包括购买各项标准手册，分摊该"机构"的日常费用。学校要详细地理解各项条文，把全部准则融于日常的教学安排，经过几个学期的实施，如校方认为自身已达到标准，可着手申请达标。一般学校都请一个顾问委员会来协助自身的检验。这个顾问委员会通常由本校出色的毕业生，杰出的专业设计师，其他学校有成就的教授及本校学生组成。这个顾问委员会既评判目前学校的水平，又帮助校方出谋划策如何进一步提高。

在该"机构"收到齐全的申请资料后，再选派3位鉴定人员去学校现场鉴定。在众多的申请资料中，校方综合的"自我鉴定"是最为重要的资料，这份资料要详细地陈述学校是如何达到各项标准的。校方在收到"机构"寄来的鉴定人员名单后，有权提出更换。这3位鉴定人员中，必须有一名专业设计人员和一名教育工作者，第3名可以代表教学或实践的任何一方。

这3名实地鉴定人员的责任十分重大。大约在实地鉴定前两个月，这3名鉴定人员将收到学校提交给"机构"的那份"自我鉴定"，对申请学校有一个初步了解。针对"机构"的标准，列出实地鉴定的重点。实地鉴定要进行2～3天，包括各类条文和表格。在这3天的鉴定过程，要详细地核对学生作业是否符合准则，要采访校长和院长以了解领导对于此专业的态度，要与毕业生和当地用人单位座谈，要与所有任课老师见面谈话，要与在校生座谈，并参观学校所具备的设施及图书馆资料等。对检验结果任何一项或高于或低于标准的都要进行细致的补充说明并提出建议。在这3位鉴定人员离开所被鉴定的学校前，要写好一份向理事会汇报的初步提纲。更重要的是给予达标年数：6年、3年，或没达标。达标期一过，学校又得重新申请达标。这样学校会时常根据对环境艺术设计更新的要求而反复检验和修改教学内容。待理事会讨论鉴定人员的汇报后再给予最后的达标年限：如90%以上达标，给予6年的达标期；如基本合格（约占70%～90%）给予3年；如众多项目不合格，将拒绝给予任何年限。整个鉴定过程从申请到公布结果要近1年左右的时间。

目前我们国内的情况是，和环境艺术设计专业相关的协会很多，名目也众多。但是这些协会要么没有什么活动，要么只是在进行赢利性的商业操作。没有一个协会像FIDER一样是关心专业教学的规范建设，不断地根据市场变化调整教学内容，提高专业地位与改革教学弊端的。

建立这样的专业控制体系运作机制，不可能是个人或一个单位的行为，希望能有更多的国家官方教育机构以及有关专家来关心这个问题，评估以及完善或重建这个控制体系，并尽早在国内试验、推广、应用。

国内建筑学专业本科（5年制）已经有了自己本专业的教育评估标准，教育评估程序与方法（见附件1，附件2），这也许会对与其有许多相似课程和相近性质的环境艺术设计专业有很重要的启示和参考价值。

我们相信，只要不断有人去努力，未来就会是光明的。但是，我们应该正视差距和现实中的问题，我们还有很长的路要走。

附 件

附件1 全国高等学校建筑学专业本科(5年制)教育评估程序与方法

资料来源：中华人民共和国建设部

Ⅰ、评估程序框图

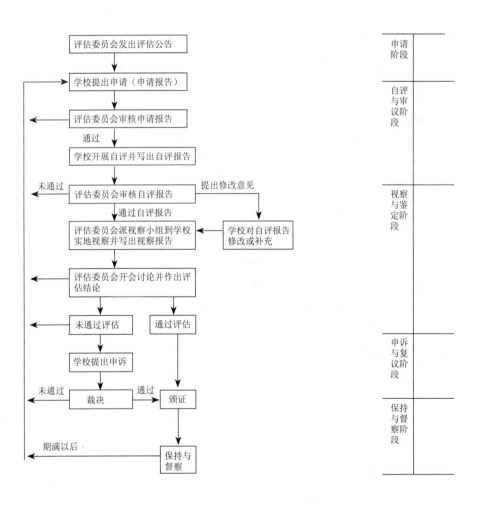

Ⅱ、程序与方法：

一、申请与审核

1. 申请条件

1.1 申请单位须是经国家教育部批准的建筑学专业所在的高等学校。

1.2 申请学校从申请日起往前推算：

①创办专业时即是五年制的学校，必须有连续三届或三届以上的建筑学专业本科毕业生；

②创办专业时是四年制后改为五年制的学校（需有国家教育部批准改学制的批文），必须有连续五届或五届以上，且至少有一届五年制的建筑学专业本科毕业生。

1.3 申请学校的建筑学专业办学条件必须满足《全国高等学校建筑学专业本科（五年制）教育评估标准》中的有关要求。

1.4 申请学校必须在提交申请报告的同时交纳申请费。

2. 申请报告

申请学校应向评估委员会递交申请报告，申请报告内容为：

（1）学校概况和院系简史

（2）院系组织状况

（3）师资状况及在编教师简表

（4）学校总体图书、期刊以及建筑学专业图书、期刊状况

（5）院系教室、实验室、计算机室和设备器材

（6）教学计划和教学情况

（7）教学经费

在报告中应对上述所列各项内容进行说明并提供资料。

3. 申请审核

评估委员会收到学校申请报告后，即对申请报告进行审核，并作出审核决定：

（1）受理申请。即通知申请学校递交自评报告（时间见附表），交纳评估费。

（2）拒绝受理。由于申请学校尚不具备申请评估的基本条件，或由

于对其提出的问题的答复不符合要求，评估委员会可拒绝受理申请，并告知学校拒绝受理的理由。

在审核过程中，评估委员会有权要求申请学校对某些问题作出答复或进一步提供证明材料，或派视察人员进行实地审核。申请学校必须配合评估委员会的审核工作。

在提出申请以前，申请学校可以请求评估委员会进行指导和咨询，所需费用由申请学校负担。

申请及审核工作每年举行一次，各申请学校应在7月10日以前向评估委员会递交申请报告一份，评估委员会应在9月1日以前作出审核决定，并通知申请学校。

二、自评与审阅

1. 自评目的

自评是建筑学专业所在院系对自身的办学状况、办学质量的自我检查，主要检查办学条件、教学计划是否达到评估标准所规定的要求，以及是否采取了充分措施，以保证教学计划的实施。撰写自评报告是自评阶段的重要工作。自评报告是学校向评估委员会递交的文件，要对教学计划及其各项内容进行鉴别并加以说明，以备鉴定。

2. 自评方法

自评工作应由学校有计划地组织进行。

自评报告的产生应该自始至终体现真实性、客观性的原则，有关院系应该组织包括教师、学生和其他工作人员参与各项工作。

3. 自评报告的内容和要求

自评报告分八个部分，按顺序逐条陈述。自评报告应简明扼要、重点突出。报告中所陈述的论点应有翔实资料证明，以供审阅。

（1）前言

（2）办学思想、目标与特色

（3）院系背景

（4）教学计划

（5）科研、生产及交流活动

（6）对上届视察报告的回复及上次评估以来的主要变化和发展（首次评估无此项）

（7）自我评价

（8）附录

对各部分的内容及要求分述如下：

3.1 前言（最多1500字）

（1）所在高等学校背景

影响高等学校和建筑学院系特色的所在城市和地区的背景。高等学校的性质、隶属关系。

（2）院系的现状及历史

3.2 办学思想、目标与特色（最多2000字）

（1）教学计划的沿革。

（2）院系的办学思想、方法及目标。参照《全国高等学校建筑学专业本科（五年制）教育评估标准》（以下简称《评估标准》）说明院系对学生能力培养的明确要求。

（3）教学计划的特色。评估委员会鼓励各院系在保证建筑学专业基本培养目标的前提下发展具有特色的教学计划。报告可作特别的陈述。

3.3 院系背景（最多4000字）

（1）人员情况

学生：生源，学生的入学素质，学生的背景特色，招生人数。

教师：来源，教师人数（在编及编外聘请分列），职称构成，年龄结构，学历结构，专业技术构成，背景特点，进修情况。

职工：人数，素质及参与的工作。

（2）图书资料及设施条件

图书资料：图书、期刊、音像等教学资料的规模和发展状况。

教室：专用教室、多媒体教室、阅览室等的状况。

实验室：实验室的门类、规模及发展状况。

计算机及外设：规格、数量及联网情况。

报告应着重说明以上各项资料及设备参与教学过程的状况。

（3）组织机构

院系行政及教学组织机构的设置，对教学计划的形成、执行的影响，有关决策过程和组织保证（如学术、学位、职称评定、分工管理等）。

（4）经费

教学经费的来源及使用。

3.4 教学计划

（1）院系或所在高等学校能为建筑学专业教学计划提供的公共课程及人文学科方面的选修课程情况。

（2）建筑学专业教学计划。包括开设的必修和选修课程、学分以及任课教师和执行情况。

（3）按照《评估标准》的课程安排

这是自评报告的核心内容，报告应着重说明围绕《评估标准》中智育标准的五个方面39项条款所设置的课程以及课程之间的相互联系，以证明所提供的学习内容能保证培养目标的实现。每一条款都应该分别提供出相应教学环节和学生学习成果以示证明。

（4）课程建设情况

建筑设计的主干课程建设情况，有特色的课程建设情况，包括师资配备、经费来源、教材建设、教学资料积累，并提供有关教学效果的充分证据。

（5）教学管理水平

报告应陈述有关教学管理的情况，如各类教学文件的归档制度，学籍管理制度，保证教学计划实施的措施及执行情况的说明。

报告中所涉及的教学文件、文献资料、规章制度应做到有案可查，以备视察小组调用核查。

3.5 科研、生产及交流活动（近四年内）

（1）科研及学术活动

记述教师、学生在提高教学质量和形成办学特色等方面所做的学术科研活动，并提供实际成果。

（2）生产及实践活动

记述教师、学生在促进学校与社会联系方面所做的生产实践工作，并提供实际成果。

（3）对外交流应记述院系参加国际、国内学术交流活动及其成果。

3.6 对上届视察小组报告的回复（首次评估无此项）

（1）上届视察小组报告。

（2）学校对上届视察小组报告所提意见的逐项答复。

（3）对上届评估中未达到《评估标准》的项目所采取的改进措施及其效果。

3.7 自我评价

（1）自评过程（最多1000字）

说明自评过程以提供自评报告的真实性、客观性的证明。

（2）自评总结（最多2000字）

围绕教学计划和培养目标，总结办学经验，明确建筑学专业所在院系的优势和薄弱环节；提出改进的措施及发展计划。

3.8 附录（以近四年为主）

（1）教学文件：始读条件，教学计划，教学大纲，课时安排及主要内容（标题），还包括任课教师的情况。

（2）各年级正在执行的教学计划。

（3）建筑学专业所在院系教师的名单、履历。

（4）由学校组织的有关德育、体育评估的结论及数据。

（5）教育部规定的本科生外语水平测试通过率和外语平均成绩。

（6）图书、期刊、音像等教学资料统计数据。

（7）实验室主要设备清单。

（8）历届毕业生反馈的有关资料。

（9）教育部对学校整体办学、教学工作的评价或评估结论。

（10）督察员督察报告（即督察评价意见，首次参加评估院校无此项）。

4. 自评报告的审阅

被受理申请评估院校应在次年1月15日前将自评报告交到评估委员会（评估委员会办公室及各位委员），评估委员会在收到自评报告后的两个月内，即 3 月 15 日前，应对自评报告作出评价，以鉴定自评报告内容满足《评估标准》的程度。评估委员会审阅自评报告后，可产生下面三种结论：

①通过自评报告。并于 5 月中旬组织、派遣视察小组进行实地视察。

②基本通过自评报告。对自评报告中少量不明确或欠缺的部分，要求申请学校在 4 月 15 日前进一步提供说明、证据或材料，根据补充后的情况再决定是否派遣视察小组。

③不通过自评报告。自评报告的内容不能达到《评估标准》的要求。自评报告未通过，至此评估工作停止，申请学校在两年后方可再次提出申请。

三、视察

1. 视察小组的组成与职能

视察小组是评估委员会派出的临时工作机构，其任务是根据评估委员会的要求实地视察申请评估院系的办学情况，写出视察报告，提出评估结论建议，交评估委员会审议。

视察小组成员由评估委员会聘请。

视察小组由 4～6 人组成，由当届的评估委员会委员出任组长，成员组成中至少有 2 人为国家一级注册建筑师，2 人为大学建筑院系的教授。为保证视察工作的经验和连续性，至少应有两人曾参加过视察工作。在需要时，可吸收外校学生代表 1 人参加视察，也可吸收外国建筑师协会委派的观察员参加视察。

2. 视察工作

视察小组应在视察前将视察计划通知学校，视察时间 3～4 天，不宜安排在学校假期进行。对于申请复评的学校，视察时间可适当缩短。

视察小组在开展视察工作之前，应详细阅读被视察学校的自评报告和评估委员会对该校的视察要求。

2.1 视察工作程序

（1）与申请评估的建筑学专业所在院系的负责人商定视察计划。

（2）会晤主管校长及学校有关负责人。

（3）会晤院系行政、教学、学术负责人。

（4）了解院系的办学条件、教学管理。

（5）审阅学生作业（包括参观学生作业展示），视察课堂教学，必要时可辅以其他考核办法。

（6）会晤学生，考察学生学习效果并听取意见。

（7）会晤教师，了解教学情况并听取意见。

（8）会晤毕业生代表和用人单位代表，了解毕业生情况。

（9）与主管校长交换视察印象。

（10）与院系负责人交换视察印象。

2.2 视察工作重点

（1）学校和院系对申请评估专业的评价、指导、管理和支持情况以及检查课程效果的能力。

（2）各门课程规定的教学目的与要求是否有根据，规定与安排是否清晰、合理、有效，是否被师生理解。

（3）教学计划与大纲的内容和覆盖面，以及与课程设计有关的授课时间安排。

（4）课程对发展学生技能和能力的帮助程度，教学效果是否达到《评估标准》规定的要求，以及是否注意了与我国注册建筑师考试大纲的要求相适应。

（5）办学特色和教学改革的情况。

（6）教师的教学态度和教学水平，师资队伍的建设情况。

（7）教学空间与设施及经费的现状及其利用情况。

（8）对自评报告中不能列出的因素作定性评估，如学术氛围，师生道德修养，群体意识和才能，学校工作质量等。

3. 视察报告

视察小组应在视察工作结束后即写出视察报告呈交评估委员会。视察报告是评估委员会对被视察学校、院系作出正确评估结论的重要依据，一般应包括下列要点：

4. 视察小组离校前，需向学校和院系领导通报视察报告的主要内容（其中的评估结论建议除外），听取校方的意见。

四、评估结论

1. 评估结论

评估委员会应在受理学校申请的一年内对自评报告和视察报告进行全面审核并作出评估结论。评估结论的形成由评估委员会在充分讨论的基础上，采用无记名投票方式进行。除评估结论之外，讨论评估结论的过程和投票情况应予保密。

评估结论分为：

评估通过，合格有效期为 7 年

应具备的基本条件：

①满足评估标准的要求；

②在专业办学方面，有自己的特色，毕业生质量在国内得到社会的广泛认可；

③二级学科硕士点较齐全；

④师资力量雄厚，在国内有较大影响；

⑤办学质量稳定发展。

评估通过，合格有效期为 4 年

应具备的基本条件为：

①满足评估标准的要求；

②在本地区有一定影响。

评估基本通过，有效期为有条件 4 年

应具备的基本条件：

①基本满足评估标准的要求；

②在教学条件或教学要求方面有一定的欠缺，但经过努力，在 1～2 年内能够克服和解决。

评估未通过

不能满足评估标准的基本要求。评估未通过的学校在两年后方可再次提出申请。

评估委员会应将评估结论及时通知申请评估学校，并呈报国家建设、教育行政主管部门。凡通过建筑学专业评估的学校，可获得评估委员会颁发的《全国高等学校建筑学专业教育质量评估合格证书》。评估委员会应在有关新闻媒介上公布评估结果。

2. 鉴定状态的保持

获资格有效期为7年和4年的院校，在获得证书后，应经常总结取得的成绩和经验，以及尚待改进的问题。资格有效期期满必须重新申请评估。

获资格有效期为有条件4年的院校，评估委员会将派专家组进行中期检查，根据中期检查结果，决定是否继续保持资格。资格有效期期满必须重新申请评估。

评估委员会为保证专业教育的水准和不断适应社会发展的需要，要求通过评估的院校聘请2名校外教授、资深建筑师作为教学质量监督员，教学质量监督员名单报评估委员会办公室备案。监督员对已获得证书的院系每两年左右进行一次监督性视察，并写出评价意见（不少于1000字），以督促学校不断保持和提高教育质量。督察员在督察工作结束后即写出评价材料一式两份，一份留学校作为下一次评估的有关资料备查，另一份寄评估委员会办公室。

有条件通过的学校，在2年后需要接受中期检查。在中期检查那一年的1月15日以前，向评估委员会提交中期检查报告。报告需对上次视察报告的意见作出全面的回复，对2年来的改进和发展变化作出自评（对2年来未有变化的一般性陈述可以从简）。评估委员会将派出检查组（3~4人，其中至少2人为上次视察组的成员）进行中期检查，形成中期检查报告，提交评估委员会。

五、申诉与仲裁

1. 申请学校如对评估结论持有不同意见，可以在接到评估结论的15天内用书面向评估委员会表明申诉的意向，并在评估结论下达的30天内向评估委员会呈报详细的书面材料，陈述申诉理由。

2. 评估委员会主任在接到申诉请求后，应立即将情况报建设部教育主管部门，并将有关申诉材料移交有关仲裁机构，由仲裁机构指派仲裁小组。仲裁小组设组长1人，组员2人（应选自评估委员会的前任委员）。

小组成员名单应送交申诉院系，院系可以提出异议，但是否需要更换人员，则由仲裁机构作出决定。

3. 仲裁小组负责召开听证会，通知申诉学校和评估委员会各派 2 名代表出席。双方代表可以在听证会上陈述各自的意见和理由。听证会不作结论。

4. 仲裁小组必须在听证会结束后的 3 天内作出结论，并以书面形式将此结论和对作出此结论的说明通知申诉学校和评估委员会，同时呈送仲裁机构备案。仲裁小组的结论是终审裁决，对申诉学校和评估委员会双方均具有约束力。

5. 全部申诉工作应在接到申诉材料之日起 100 天内完成。申诉期间，学校的鉴定结论不变。全部申诉费用应根据评估结论的变或不变而由评估委员会或申诉学校负担。

六、学位授予

1. 学位名称：建筑学学士

2. 通过建筑学专业本科（五年制）教育评估院校的建筑学专业毕业生，由国务院学位委员会授予建筑学学士学位。

3. 对于有条件通过的学校的建筑学专业毕业生授予建筑学学位，中期检查未获得通过，建筑学学位授予停止。

评估工作进程表

时间	申请评估学校	评估委员会
7月10日前	向评估委员会递交申请报告	
9月1日前		作出审核决定，通知申请学校
次年1月15日前	准备自评报告，向评估委员会递交自评报告	
3月15日前		各位委员审阅自评报告，委员会作出审阅结论，通知申请学校
4月中旬前		组成视察小组，确定视察时间，通知小组成员、申请学校及有关单位
	接到视察通知后10天内，对小组成员和进校时间向评估委员会提出认可意见	
5月中旬	视察小组进校（视察本科3～4天）	
7月中旬前		作出评估结论，通知申请学校，并呈报有关部门
	接到评估结论后，有异议，可在15天内向评估委员会表明申诉意向，30天内呈报详细材料	报建设部教育主管部门、有关仲裁机构

附件2 全国高等学校建筑学专业本科(5年制)教育评估标准

资料来源：中华人民共和国建设部

Ⅰ、全国高等学校建筑学专业本科教育评估指标体系：

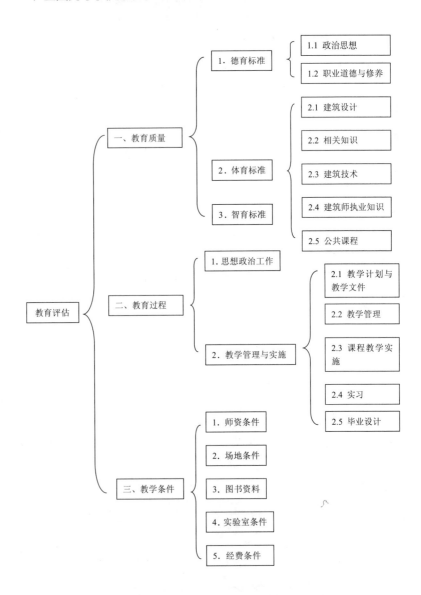

Ⅱ、指标内容：

一、教育质量

本项内容包括德、智、体三方面的评价，是建筑学专业本科教育中必须达到的基本质量要求。

1 德育标准

1.1 政治思想

满足全国普通高等学校本科学生的政治思想教育要求和德育标准。

1.2 职业道德与修养

理解建筑师的职业道德和社会责任，具有一定的哲学、艺术和人文素养及社会交往能力，具有环境保护和可持续发展的意识。

2 智育标准

智育归纳为五个方面：1) 建筑设计；2) 相关知识；3) 建筑技术；4) 建筑师执业知识；5) 公共课程，计 39 项条款。

本标准用"了解"、"掌握"和"有能力"三个词来分别确定学生在毕业前必须达到的水平。"了解"指具有一般知识；"掌握"指对该领域知识有较全面、深入的认识，能对之进行阐述和运用；"有能力"指能把所学的知识用于分析和解决问题，并有一定的创造性。

2.1 建筑设计

本项包括"建筑设计的基本原理"、"建筑设计的过程与方法"以及"建筑设计表达"三项内容。

2.1.1 建筑设计的基本原理

(1) 掌握建筑设计的目的和意义，掌握建筑设计必须满足人们对建筑的物质和精神方面的不同需求的原则。

(2) 掌握功能、技术、艺术、经济、环境等诸因素对建筑的作用及它们之间的辩证关系。

(3) 掌握建筑功能的原则与分析方法，有能力在建筑设计中通过总体布局、平面布置、空间组织、交通组织、环境保障、构造设计等满足建筑功能要求。

（4）掌握建筑美学的基本原理和构图规则，掌握通过空间组织、体形塑造、结构与构造、工艺技术与材料等表现建筑艺术的基本规律。

（5）了解建筑设计与自然环境、人工环境及人文环境的关系，掌握建筑与环境整体协调的设计原则，有能力根据城市规划与城市设计的要求，对建筑个体与群体作出合理的布局和设计，有能力因时、因地、因事制宜，并考虑到今后的影响与发展，确定总体布局的构思。

（6）掌握场地设计的基本原理、内容和方法，有能力进行一般的场地设计。

（7）了解可持续发展的建筑设计观念和理论，掌握节约土地、能源与其他资源的设计原则。

2.1.2　建筑设计的过程与方法

（8）了解建筑设计从前期策划、方案设计到施工图设计及工程实施等各阶段的工作内容、要求及其相互关系。

（9）初步掌握联系实际、调查研究、群众参与的工作方法，有能力在调查研究与收集资料的基础上，拟定设计目标和设计要求。

（10）有能力应用建筑设计原理进行建筑方案设计，能综合分析影响建筑方案的各种因素，对设计方案进行比较、调整和取舍。

（11）了解在设计过程中各专业协作的工作方法，初步具有综合和协调的能力。

2.1.3　建筑设计表达

（12）掌握建筑设计手工表达方式，如徒手画、模型制作等，有能力根据设计过程的不同阶段的要求，选用恰当的表达方式与手段，形象地表达设计意图和设计成果。

（13）有能力用书面及口头的方式清晰而恰当地表达设计意图。

（14）掌握CAAD的基本知识和操作计算机的基本技能，有能力使用专业软件绘制设计图和编制设计文件。

2.2　相关知识

本项包括"建筑历史与理论"、"建筑与行为"、"城市规划与景观设计"

以及"经济与法规"四项内容。

2.2.1 建筑历史与理论

(15) 了解中外建筑历史发展的过程及基本史实，了解各个历史时期建筑风格的成因。

(16) 了解当代主要建筑理论及代表人物与作品。

(17) 了解历史文化遗产保护的重要性与基本原则，有能力进行地域建筑与历史建筑的调查测绘。

2.2.2 建筑与行为

(18) 了解环境心理学的基本知识，对建筑环境是否适合于人的行为有一定的辨识与判断能力。

(19) 有能力进行现场调查与观察，收集并分析有关人们需求和人们行为的资料，并体现在建筑设计中。

2.2.3 城市规划与景观设计

(20) 了解城市规划和城市设计的理论，初步具有进行城市设计和居住区规划的能力。

(21) 了解景观设计的理论，初步具有景观设计的能力。

(22) 了解建筑场地的选址分析和开发原则。

2.2.4 经济与法规

(23) 了解与建筑有关的经济知识，包括概预算、经济评价、投资与房地产等的概念。

(24) 了解与建筑有关的法规、规范和标准的基本内容，初步具有在建筑设计中遵照和运用现行建筑设计规范与标准的能力。

2.3 建筑技术

本项包括"建筑结构"、"物理环境控制"、"建筑材料与构造"以及"建筑的安全性"四项内容。

2.3.1 建筑结构

(25) 了解结构体系在保证建筑物的安全性、可靠性、经济性、适用性等方面的重要作用，掌握结构体系与建筑形式间的相互关系，了解在设计过程中与结构专业进行合作的内容。

(26) 掌握常用结构体系在各种作用力影响下的受力状况及主要结构构造要求。

(27) 有能力在建筑设计中进行合理的结构选型,有能力对常用结构构件的尺寸进行估算,以满足方案设计的要求。

2.3.2 物理环境控制

(28) 掌握自然采光、自然通风、日照与遮阳、建筑隔声和围护结构热工性能的设计原理,有能力在建筑设计中保证满足相关标准的要求。

(29) 了解建筑节能的意义和基本原理,了解建筑设计中节约能源的措施和节能设计规范。

(30) 了解建筑环境控制中给排水系统、供热通风与空调系统、照明与配电系统、通讯与网络系统、噪声控制与厅堂音质等的基本知识,并能在设计过程中与相关专业人员协调配合。

2.3.3 建筑材料与构造

(31) 掌握一般常用建筑材料的性质和性能,了解新型材料的发展趋势,有能力合理选用围护结构材料和室内外装饰装修材料。

(32) 掌握常用的建筑工程作法和节点构造及其原理,有能力设计或选用建筑构造作法和节点详图,并了解其施工方法和施工技术。

2.3.4 建筑的安全性

(33) 了解建筑的安全性要求,掌握建筑防火、抗震设计的原理及其与建筑设计的关系。

(34) 了解建筑师对建筑安全性所负有的法律和道义上的责任。

2.4 建筑师执业知识

(35) 了解注册建筑师制度,掌握建筑师的工作职责及职业道德规范。

(36) 了解现行建筑工程设计程序与审批制度,初步了解目前与工程建设有关的管理机构与制度。

(37) 了解有关建筑工程设计的前期工作,了解建筑设计合约的基本内容和建筑师履行合约的责任。

(38) 了解施工现场组织的基本原则和一般施工流程,了解建筑师对施工的监督与服务责任。

2.5 公共课程

(39) 公共课程达到教育部主管部门对受评学校建筑学专业本科学生的要求。

3 体育标准

达到普通高等学校本科学生体育标准的要求。

二、教育过程

本项包括两方面：1）思想政治工作；2）教学管理与实施。

1 思想政治工作

按照全国普通高等学校本科学生思想政治工作的有关条例并结合建筑学专业的特点开展思想政治工作。

2 教学管理与实施

教学管理与实施包括五方面：教学计划与教学文件，教学管理，课程教学实施，实习，毕业设计，计 16 项条款。

2.1 教学计划与教学文件

（1）教学计划应具有科学性、合理性、完整性。

（2）能根据实际情况以及上次评估建议更新教学计划。

（3）鼓励在满足评估基本条件下，进行教学改革，发展自己的特色。

（4）各种教学文件，包括各门课程的教学大纲、教学进度表、作业指示书等翔实完备。

2.2 教学管理

（5）能基本执行教学计划。

（6）保证教学质量的各种规章制度完备，并能贯彻执行。

（7）教学档案及学生学习档案管理规范。

（8）各教学环节考核制度完备，并严格执行。

2.3 课程教学实施

（9）能根据教学计划，选用或自编合适的教材，重视教材建设。

（10）课程内容充实，教学环节安排合理，并能联系实际，反映社会需要与学科的发展。

（11）教学方法具有启发性，注重培养学生的创造力和综合解决问题的能力。

（12）能充分利用教学资源和教学设备。

2.4 实习

（13）各类实习完备，安排合理，对学生有明确的教学要求。其中设计院生产实习不少于3个月，美术实习1个月。

（14）有足够的师资力量指导，以保证实习质量。

2.5 毕业设计

（15）毕业设计课题宜接近实际工程条件。选题的内容、难度和综合性均应高于课程设计。

（16）有足够的讲师或讲师以上的教师指导毕业设计，在教师的指导下，由学生独立完成自己的设计任务，提交完备的毕业设计文件。

三、教学条件

本项内容是达到办学要求、保证教学质量的前提，包括五个方面：1）师资条件；2）场地条件；3）图书资料；4）实验室条件；5）经费条件。

1 师资条件

1.1 根据教育部有关规定和建筑学专业特点，招生规模一般以每年60～90人为宜，不得低于30人。专职教师编制数应与招生人数相适应，专职教师与学生的比例以1：8为宜。

1.2 专职教师应具有大学本科及以上学历，具有研究生学历的教师的比例不低于30%。

1.3 具有副教授职称以上的专职教师人数不低于本系（学院）专职教师总数的30%，并有正教授2人以上。

1.4 有建筑设计、城市规划、建筑历史、建筑技术和美术学科的专业教师，能独立承担80%以上的必修课，兼职教师人数不得超过本系（学院）专职教师人数的20%。

1.5 由专业讲师及其以上职称的教师或聘请有实际经验的高级建筑（工程）师担任主要专业课及主干课程的讲授任务。

1.6 建筑设计课，每10～15个学生应配备专任教师1人。每班（30人）建筑设计课教师中讲师以上职称者不少于2人。

1.7 建筑设计专业教师不少于10人，其中至少应有教授职称者1人、副教授职称者2人以上。

1.8 设有专业教研室（研究室或研究所），教师队伍有后备力量，基本形成梯队，开展相应的科研活动和建筑创作活动，有较为稳定的科研方向并取得一定的科研成果。

1.9 有稳定的教学管理人员不少于2人。

2 场地条件

2.1 本专业必须具备一定面积的专用的、固定的教学场地。

2.2 有专门用于建筑设计课教学的专用教室，每个学生有固定的设计绘图桌椅。

2.3 有用于美术课教学的美术教室，有多媒体教室，教室数量及面积应满足学生使用要求。

2.4 有用以展示学生作业和教学成果的展览空间。

2.5 有建筑材料和构造的实物示教场所。

2.6 有用于模型制作的作业场所。

2.7 有足够的图书期刊的阅览面积。

3 图书资料

图书资料除了要符合教育部关于高等院校设置的必备条件外，还应满足下列要求：

3.1 有关建筑设计、城市规划、景观园林、建筑历史、建筑技术及美术方面的专业书籍6000册以上。

3.2　有关建筑学专业的中文期刊 30 种以上，外文期刊 20 种以上。

3.3　专业期刊和图书资料有不少于 4 种语言文字。

3.4　有齐全的现行建筑法规文件资料及基本的工程设计参考资料。

3.5　有一定数量的教学幻灯片、音像资料和教学模型。

4　实验室条件

本专业必须具备计算机、测量、材料和建筑物理实验条件及摄影、模型制作实验室和工作室。

4.1　计算机教室

①主要任务：完成"计算机语言"和"CAAD"等课程规定的教学任务及课程作业。

②主要设备：由计算机及其他附属设备组成网络系统。其中主要设备应不少于：服务器 1 台，终端机 30 台，绘图仪 1 台，网络打印机 1 台，扫描仪 1 台。

4.2　建筑物理实验室

①主要任务：完成建筑物理课程规定必须开设的声学、光学和热学等教学实验任务。

②主要设备：照度计、亮度计、声级计、信号发生器、频谱仪、温湿度计、风速计、数字电压表等。

4.3　视觉实验室（或摄影室）和模型室，其设备须满足教学基本要求。

5　经费条件

教学经费应能保证教学工作的正常进行。

结　语

　　我在20多年的时间跨度里，先后在清华大学美术学院、广西艺术学院、中国美术学院3所院校求学10多年，并先后在多所院校任教环艺专业，深知环境艺术设计专业在20多年里的教学内涵变化。我还在广州的设计院及公司工作近10年，从事设计及施工管理、公司管理。最近几年，我先后主持过省级、校级的环境艺术设计专业科研项目以及参与项目共5个。可以说，我在环境艺术设计专业的教学、实践、科研三方面都有一些经验积累。所以，我的导师王国梁先生说，我适合写这个题目。

　　然而，这是非常难写的一个题目。一是它纵向跨度大，有50多年的历史。二是它涉及面广，涉及国内分散在各地的主要院校。采访人员多，层次多，工作量很大，为此不得不将博士研究生的学习时间延期一年。

　　改革开放30年以来，环境艺术设计专业作为一门新兴的学科，其教学和学科建设可以说是在市场的催生和呼唤下发展起来的，并以难以想象的速度迅速发展、膨胀。任何一枚硬币都有两面：一方面这种跨越式发展并非完全盲目发展，而是市场的需要；另一方面，这种跨越式迅速发展，其内涵建设就难免粗糙。可以说，我们这个专业的发展是随着时代的发展而发展，由于起点低，其发展速度显得尤其快。但是它同时也几乎拥有我们这个时代的所有浮躁。问题与成绩共存，令人喜忧参半。没有时间的沉淀，其现状难免鱼龙混杂。以前，面对专业市场的泡沫和专业教学中之问题，我感到无能为力。现在，我终于可以利用科研项目的机会，为改变这种专业现状作一点思考，作一点整理，作一点具体的探索性工作，心中甚感欣慰。暂且不论结果，自古有"不以成败论英雄"之说。只要有人努力，我们就有信心，就有希望！

　　在众多复杂学科背景下产生的同一学科，其差异性显而易见。作为一个实用性，技术性很强的学科，它的市场指向性是很明确的。这种市场的明确指向性并不会因为环境艺术设计专业所依托的不同专业院校和不同的学科背景而产生大的改变。我们不能把只做好一个学科的一部分而没做好或不做另一部分叫做"特色"。那么目前这种差异性很强的环境艺术设计教学现状，如何在市场的背景下进行整合，从环境艺术设计实践和环境艺术设计教学系统本身上作深入的调查和研究，建立较为完善合理的环境艺术设计教学模型和教学控制体系，这正是我要试图解决该问题的基本想法。

一方面，建立该模型和控制体系的目的，是使每个环境艺术设计专业培养的毕业生能达到社会对一位环艺设计专业学生毕业后的基本要求，以及对不完善不成体系的专业教学提供具体的参考，以期在专业结构方面的设置、配置更趋合理，在人力和物力上减少浪费，节省教育资源，有益于培养与时俱进的更适合市场需求又兼具创新精神的环境设计人才。

另一方面，建立该模型和控制体系还有认识论和方法论的启示意义。我希望这个建立在模块理论和系统工程学基础上的动态模型和以控制论为方法论的控制体系，能够对环境艺术设计专业教学起到方法论方面的参考和一种认识论的启示。如果建立在这种认识论和方法论上的这个新模型和控制体系对于环境艺术设计教学在以上两方面具有可行性，我相信，这种认识论和方法论，对于整个一级学科设计学专业下属子目录的具有与环境艺术设计专业相同性质的各个学科均具有相同的参考价值，其意义和影响力将超越本文论述的主题和内容。

建立这个专业教学模型和教学控制体系的目的不是要扼杀教学特色，而是面向市场保证基本的教学质量。因此，教学控制体系只关注核心，并不面面俱到每一个子模块。而教学新模型是在包含教学控制体系核心内容基础上的一种尝试，给业界，尤其是尚不完善的专业教学的一种教学模型参考。

在本文写作过程中，曾遭到不少强调"特色"教学的专业人士的反对，当然也受到不少对本专业有忧患意识的专业人士的鼓励。本课题成功申报为广东省高等教育教学改革资助项目（省级），项目主持人：江滨，项目编号：BKJGYB2008044，这说明，至少业内一些专家认为这个课题有研究的价值，并关注这个实际的问题。经过断断续续两年的修改，现在本文终于面世，那么，本文将不会只停留在专家关注的层面，它将会给我们专业的实际操作者带来一些实际的影响。如果我们的努力能够为这个学科解决一点问题、提供一点帮助，或者起到抛砖引玉的作用，而不仅仅是清谈，那这么多的心血也就没有白费。

一个新的东西、新的想法出来，总是会有争议。有一个批评、完善的过程，或论证、验证的过程。是非曲直，需要实践来证明，历史会告诉未来！

参考文献

(注：参考书目、论文的原文直接引用部分已在文章相关页下脚注中注明。以下所列仅为部分相关参考书目及论文)

英文参考文献

[1] Announcement of Four Years' Program of Courses in Landscape Architecture, Harvard University Lawrence Scientific School, March, 1990(哈佛设计研究生院 Loeb 图书馆内部资料) [G]

[2] Harvard University Lawrence Scientific School, Instruction in Landscape Architecture, 1904-1905(哈佛设计研究生院 Loeb 图书馆内部资料) [G]

[3] The Official Register of Harvard university, instruction in Landscape Architecture, 1906-1907, 1908-1909(哈佛设计研究生院 Loeb 图书馆内部资料) [G]

[4] Official Register of Harvard University Graduate School of Applied Science, School of Landscape Architecture, 1912-1913(哈佛设计研究生院 Loeb 图书馆内部资料) [G]

[5] Faculty of Architecture, School of Landscape Architecture, 1915-1916, Harvard University（哈佛设计研究生院 Loeb 图书馆内部资料）[G]

[6] The Official Register, Harvard University Graduate School of Design, 1986-1987, 1988-1989, 1992-1993, 1994-1995, 1996-1997[G]

[7] Course Bulletin Harvard University Graduate School of Design, Fall 1992, 1993, 1994, 1995, 1996, spring 1993, 1994, 1995, 1996（哈佛设计研究生院内部资料）[G]

[8] Landscape Architecture, Department Memorandum,

Distrubutional Electives. 由 LA 专业主任 Carl Steinitz 教授提供，1994-1995. [G]

[9] John Pile, A History of Interior Design, Second Edition，[M]，John Wilem & Sons, Inc.Hoboken, New Jersey.USA.2004.

[10] Edited by Monique Mosser and Georges Teyssor, The History of Garden Design，[M]，Thames & Hudson Inc. UK.1991.

中文参考文献

[1] 郑曙旸. 中国室内设计思辨 [J]. 装饰，1995，3.

[2] 赵健. 环艺教学专题设计的差异性递进 [M]//. 中国美术家协会主办中国美术家协会环境艺术设计委员会，中央美术学院建筑学院. 为中国而设计—首届全国环境艺术设计大展论文集，北京：中国建筑工业出版社，2004：154-156.

[3] 黄丽雅，蒲艳. 论包豪斯初步课程的教育特色 [J]. 美术学报，2009，1.

[4] 何新闻. 论环境艺术学科的建设与创新 [J]. 湖南师范大学教育科学学报，2003，10.

[5] 黄丽雅，陈奕冰. 创意产业的发展对设计教育的启示 [J]. 美术学报，2007，7.

[6] 汪晓曙. 广州大学美术学院 15 年回顾 [J]. 美术，2008，2.

[7] 赵健. 广美设计分院基础部建设和工作室理念的 ABC[J]. 美术学报，1998，12.

[8] 李炳训. "原创设计"与设计教育 [M]//. 中国美术家协会主办，中国美术家协会环境艺术设计委员会，中央美术学院建筑学院. 为中国而设计—首届全国环境艺术设计大展论文集. 北京：中国建筑工业出版社，2004：157-160.

[9] 马克辛. 模拟课题教学与实战课题教学比较——谈环境艺术设计教学的时代特征 [M]//. 中国美术家协会主办，中国美术家协会环境艺术设计委员会，中央美术学院建筑学院. 为中国而设计——首届全

国环境艺术设计大展论文集.北京：中国建筑工业出版社，2004：161-163

[10] 陈易，董娟.演绎包豪斯理念——同济大学室内设计教学思考[M]//.中国美术家协会主办,中国美术家协会环境艺术设计委员会,中央美术学院建筑学院编.为中国而设计—首届全国环境艺术设计大展论文集.北京：中国建筑工业出版社，2004：164-167.

[11] 郑曙旸.室内设计程序（第二版）[M].北京：中国建筑工业出版社，2005.

[12] 张绮曼.环境艺术设计与理论[M].北京：中国建筑工业出版社，1996.

[13] 陈易.建筑室内设计[M].上海：同济大学出版社，2001.

[14] 尹定邦.设计学概论[M].长沙：湖南科学技术出版社，2005.

[15] 陈立新，宣新明.环境艺术设计课堂教学法的探索[J].中国科技信息，2007，1.

[16] 李延光，刘阳.环境艺术设计专业教学模式的探讨.艺术长廊科教文汇，2008，1（下旬刊）.

[17] 王大海.艺术类院校环境艺术专业教学体系的再构成[J].山东艺术学院学报，2004，3.

[18] 周波.当代室内设计教育初探[J].南京林业大学学报，2004，7.

[19] 单炜.环境艺术设计的专业建设与研究发展[J].艺术教育，2005，6.

[20] 许丽.环境艺术专业教育的发展方向[J].高等教育与学术研究，2006.

[21] 华晨，王宁.环境艺术学科发展方向与课程的科学设置[J].装饰，总第117期.

[22] 张绮曼，郑曙旸.室内设计资料集[M].北京：中国建筑工业出版社，1991.

[23] 吴家骅.设计思维与表达[M].杭州：中国美术学院出版社，1995.

[24] 潘鲁生.设计艺术教育笔谈[M].济南：山东画报出版社，2005.

[25] 李锐军.谈环境艺术设计人才的培养[J].南平师专学报，2003，9：

第22卷，第3期．

[26] 王逢贤．学与教的原理[M]．北京：高等教育出版社，2000．

[27] 来增祥，陆震纬．室内设计原理（上册）[M]．北京：中国建筑工业出版社，1996．

[28] 中国美术家协会主办，中国美术家协会环境艺术设计委员会，中央美术学院建筑学院编．为中国而设计——首届全国环境艺术设计大展论文集[M]．北京：中国建筑工业出版社，2004．

[29] 同济大学建筑与城市规划学院编．同济大学建筑系选集教师论文集[M]．北京：中国建筑工业出版社，1997．

[30] 赵辰，伍江．中国近代建筑学术思想研究[M]．北京：中国建筑工业出版社，2003．

[31] 陈易．时代的需要——加强建筑学专业中的室内设计教育[J]．新建筑，2000，5：62-63．

[32] 张绮曼．中国当代室内设计趋向[J]．建筑学报，1995，11：49-52．

[33] 陈易．室内建筑师的塑造[J]．建筑学报，2004，1：45-46．

[34] 原中央工艺美术学院工业美术系主任（环艺系前身）潘昌侯教授，采访录音和记录。

[35] 美国洛杉矶艺术中心设计学院王受之教授，采访录音和记录。

[36] 原广州美术学院副院长尹定邦教授，采访录音和记录。

[37] 同济大学建筑城规学院教授陈易博士，采访录音和记录。

[38] 东南大学环境设计系主任赵思毅教授，采访录音和记录。

[39] 江滨．《环境艺术设计初步课程改革》评述[J]．新设计．中国美术学院出版社，2006，1．

[40] 江滨．《环境艺术设计主干课程教学成果整体科研转化研究》，华南师范大学科研项目，项目主持人：江滨。2006—2008年10月（校级项目）。

[41] 石永良．建筑设计课程教学随想[M]//．同济大学建筑与城市规划学院编．同济大学建筑系选集教师论文集，北京：中国建筑工业出版社，1997：35-37．

[42] 陈易.高年级室内设计教学改革的探索 [M]//.同济大学建筑与城市规划学院编.同济大学建筑系选集教师论文集.北京：中国建筑工业出版社，1997：41-42.

[43] 伍江，钱锋.黄作燊和他的建筑教育思想：87-92，赵辰，伍江.中国近代建筑学术思想研究 [M].北京：中国建筑工业出版社，2003.

[44] 吕品晶.继承 整合 发展——当前环境艺术设计教育浅议 [M]//.中国美术家协会主办，中国美术家协会环境艺术设计委员会，中央美术学院建筑学院编.为中国而设计——首届全国环境艺术设计大展论文集.北京：中国建筑工业出版社，2004：147-149.

[45] 吴昊.可持续的绿色生态与可持续的环境艺术教育 [M]//.中国美术家协会主办，中国美术家协会环境艺术设计委员会，中央美术学院建筑学院编.为中国而设计——首届全国环境艺术设计大展论文集.北京：中国建筑工业出版社，2004：150-153.

[46] 许平.以未来构想现在——探索设计创意人才培养的有效途径 [J].北京观察，2007，1.

[47] 周宏.教学方法 [M].北京：中央民族大学出版社，2003.

[48] 王梁.跨越与回归——当代室内设计回顾与展望 [M].2005 中国建筑艺术年鉴.天津大学出版社，2005.

[49] 张清萍.20 世纪中国室内设计发展研究 [D].东南大学博士论文，2004.

[50] 赵健.转型期的广州美术学院设计系教学——设计理论课的"选修化进程"和"限选专题设计"课 [J].装饰，1996，4.

[51] 张绮曼.中国当代室内设计趋向 [J].建筑学报，1995，11.

相关互联网资源

哈佛大学：http://www.harvard.edu/

美国罗德岛设计学院网站：http://www.risd.edu

美国芝加哥艺术学院网站：http://www.artic.edu

中国美术学院网站：http://www.chinaacademyofart.com

清华大学美术学院网站：http://ad.tsinghua.edu.cn

广州美术学院网站：http://www.design-gafa.com

同济大学网站：http://www.tongji.edu.cn

中央美术学院网站：http://www.cafa.com.cn

东南大学网站：http://www.seu.edu.cn

江南大学网站（原无锡轻工大学）：http://www.sytu.edu.cn

南京林业大学：http://www.njfu.edu.cn

中国环境设计在线：http://env.dolcn.com

万方数据资源系统：http://www.wanfangdata.com.cn

搜索引擎

www.google.com

www.yahoo.com

以及室内设计教学相关网站。

致　谢

当我敲完本文最后一章的最后一个字时，稍微轻松了片刻。转瞬间就觉得依然意犹未尽，但是时间由不得我没完没了地修改下去，好在我的基本想法已经出来了。5年博士研究生生活也即将结束，在这5年中，我求学于母校——中国美术学院，受教于师门，受惠于同学、亲朋好友，自然会从心底里由衷感谢他们。

首先要感谢我的博士研究生导师——王国梁教授。先生于我，更像一位慈祥的长辈。先生5年传道授业，学生自然受益良多。每每看到王先生先后4次看完本文后写给我的累计长达几十页的修改意见手稿，内心真是五味杂陈，外则犹如针芒在背。每念及此，惶惶然不敢稍有懈怠。5年来自然有太多的感慨和收获，但于此再回忆细节，去感谢先生的耳提面命、言传身教，稍显琐碎。因为先生不仅仅施教于我，更重要的是，先生从本质上、从精神上改变了我以后的生活，仅此一点，足以让我终生感念。5年博士学习、研究生活对许多人来说是很漫长、难熬的，然而于我确实轻松愉快。我一直留恋那个充满诗情画意的山水校园和那里的同学、师长，更一直念念不忘要写一篇《新师门五年记》……

其次，我要感谢我的另一位老师，任教于美国洛杉矶艺术中心设计学院的王受之教授。我在博士研究生一年级学习期间，受我的导师王国梁教授出资派遣，使我有几个月的时间，专门跟随王受之教授学习现代设计史论和设计史论研究方法。王受之教授即使在美国也是顶尖的现代设计史论专家，所以，跟随王受之教授学习的这段经历非常重要，为我日后的研究工作打下了良好的基础，使我受益匪浅。

感谢我大学时的老师，清华大学美术学院副院长郑曙旸教授，副书记鲁晓波教授，他们在本文写作中曾给予多方面的支持；感谢原中央工艺美术学院工业美术系主任（环艺系前身）潘昌侯教授；感谢中央美术学院建筑学院博士生导师张绮曼教授以及中央美术学院建筑学院孟童博士（北京大学深圳研究生院博士后）；感谢清华大学美术学院环境艺术设计系副教授杨冬江博士；感谢原广州美术学院副院长尹定邦教授，广州美术学院副书记凌靖波教授，华南师范大学副校长黄丽雅教授；感谢同济大学建筑城规学院教授陈易博士，东南大学环境设计系主任赵思毅教授；感谢中国美术学院研究生处处长毛建波博士，中国美术学院教务处副处长郑巨欣博士；中国美术学院建筑艺术学院院长王澍博士，副院长吴晓琪教授，邵健副教授；感谢中国美术学院设计学院院长王雪青教授，以及王炜民教授，赵阳教授；感谢我大学时的同学：清华大学美术学院张宝华副教授。他们提供的帮助，都使我在写作本文时受益良多。

感谢我的同门师兄，中国美术学院建筑艺术学院朱宇恒博士（浙江大学建筑学院副教授）；同门师弟，中国美术学院建筑艺术学院陈冀峻博士（杭州武林建筑工程有限公司设计院院长，高级工程师），中国美术学院建筑艺术学院孙科峰博士，中国美术学院建筑艺术学院王轩远博士（浙江大学建筑学院博士后），师妹、中国美术学院建筑艺术学院朱忠翠博士（就职于上海理工大学）；以及中国美术学院设计学院博士研究生陈斗斗、朱海辰；还要感谢远在加拿大的同学黄婉容，不远万里寄来国外的相关专业资料；感谢中国美术学院建筑艺术学院环境艺术设计系张天臻、余青青、朱蕾老师，他们曾提供资料、咨询，帮助我写作本文。要感谢的人还有很多……谢谢你们一直以来的支持与帮助！

最后，要感谢我的家人多年来给予我的帮助和支持，没有他们做后盾，我将举步维艰。他们是我人生最大的财富和幸福的源泉。

江滨
2009年3月写于杭州 象山
中国美术学院建筑艺术学院